黄粉虫幼虫、蛹、成虫

黄粉虫成虫在交尾

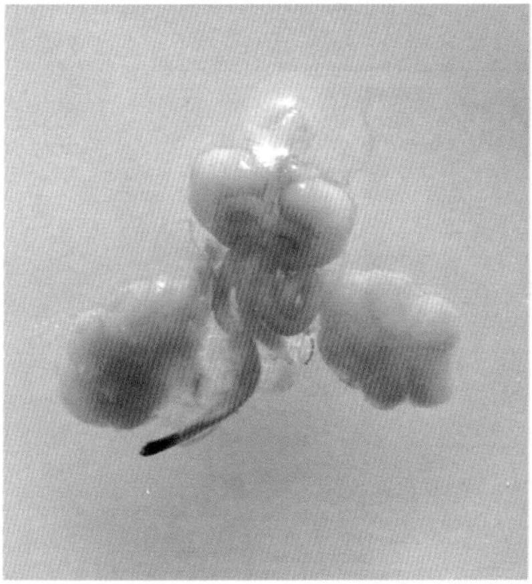

黄粉虫雄性成虫生殖系统

黄粉虫雌性成虫卵巢(羽化15天)

黄粉虫蛹

黄粉虫小幼虫

黄粉虫幼虫

黑粉虫幼虫

黑粉虫幼虫

黄粉虫与黑粉虫杂交虫

手工挑虫

挑虫工具

挑蛹工具

塑料盆养虫

塑料箱养虫

简易筛虫工具

养虫箱木条叠放法

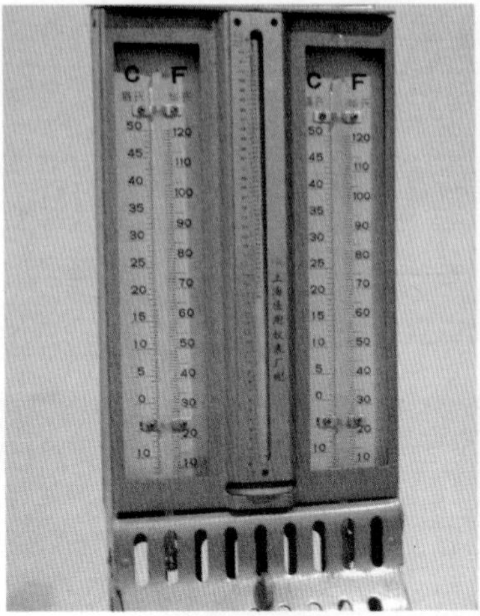

干湿温度计

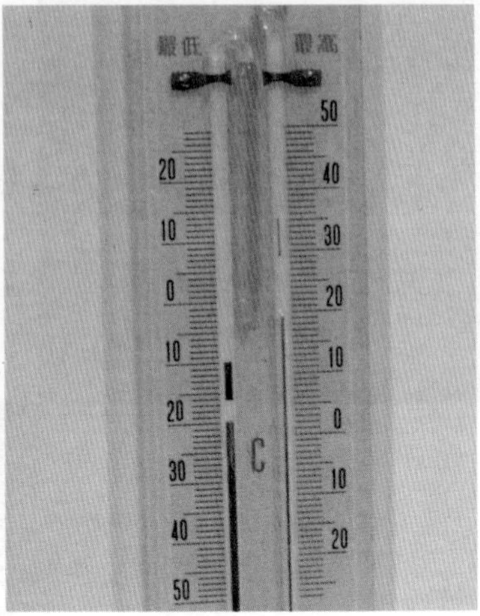

最高最低温度计

微波烘干设备

微波烘干的黄粉虫

黄粉虫粪

干枯病虫

黑腐病虫

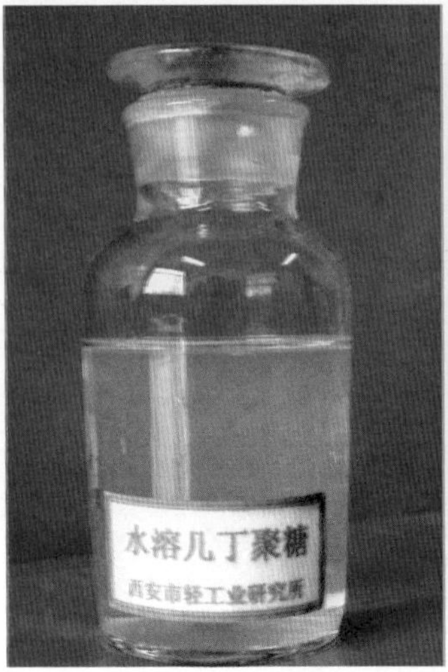

水溶几丁聚糖

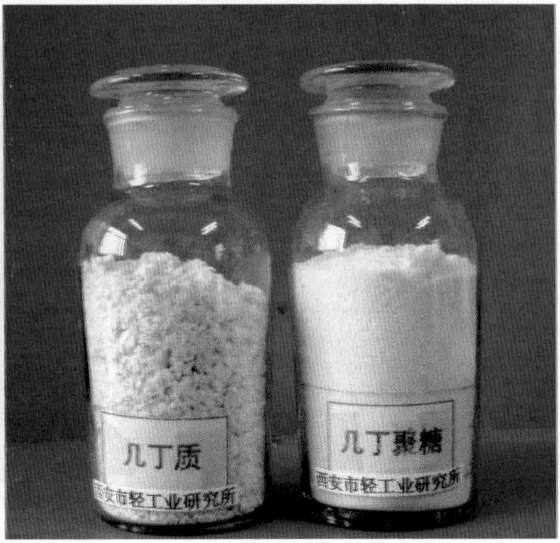

几丁质、几丁聚糖

黄粉虫酥糖

黄粉虫油

黄粉虫养殖与利用

（第 3 版）

陈重光　陈　荣　陈　彤　著

金盾出版社

内 容 提 要

本书内容包括：黄粉虫的营养价值及国内外开发利用情况，黄粉虫的形态特征与生物学特性，黄粉虫的人工养殖，黄粉虫的利用与开发，养殖户问答。本书适于资源昆虫工作者，黄粉虫专业养殖人员，禽类、鱼类、经济动物饲养人员，特殊饲料生产人员阅读，亦可供从事新资源食品生产、保健品开发的相关科技工作者参考。

图书在版编目(CIP)数据

黄粉虫养殖与利用/陈重光，陈荣，陈彤著．—3版．—北京：金盾出版社，2012.5(2015.3重印)
ISBN 978-7-5082-7276-4

Ⅰ.①黄… Ⅱ.①陈…②陈…③陈… Ⅲ.①黄粉虫—养殖②黄粉甲—综合利用 Ⅳ.①S899.9

中国版本图书馆CIP数据核字(2011)第221036号

金盾出版社出版、总发行
北京太平路5号(地铁万寿路站往南)
邮政编码：100036 电话：68214039 83219215
传真：68276683 网址：www.jdcbs.cn
封面印刷：北京凌奇印刷有限责任公司
彩页正文印刷：北京印刷一厂
装订：北京印刷一厂
各地新华书店经销
开本：850×1168 1/32 印张：4.25 彩页：8 字数：75千字
2015年3月第3版第18次印刷
印数：234 001～238 000册 定价：9.00元

序

古人就有食用昆虫的习惯。公元前12世纪的书籍中记载:蝉、蜂子是帝王贵族的珍贵食品。我从甲骨文字中考证到,在商代还用蝉做祭祀品。春秋时代就有人采蝉来做食品。在蝗虫多发地区,当地的人普遍食用蝗虫,并用蝗虫做畜禽饲料。至今,云南、广东、福建等地还有食用棕虫、稻蝗、龙虱等昆虫的习惯。有些昆虫的营养价值远远胜过一些山珍海味。

近年来,养殖业普遍利用昆虫做珍禽及药用动物的饲料。黄粉虫以其食性杂、养殖容易等优点,已成为十余种动物的饲料,应用比较广泛。

陈彤同志曾作为科研助手随我学习工作十二载。由于他认真学习、工作努力,在科研工作方面做出了一些成绩,被评为陕西省劳动模范。这些年来他在资源昆虫研究与开发方面做了大量的工作,特别是在黄粉虫饲用和食用方面的研究成果,得到了同行的肯定和好评。为了研究黄粉虫的食用价值,他又自学了食品营养与卫生、食品工艺及中医药等专业知识。1992年我在西安主持了对他的科研成果的鉴定会议,了解到他在这方面所做出的成绩,特别对他在黄粉虫食用价值方面的研究成果感到高兴。选择黄粉虫为研究对象,开发昆虫食品及饲料是十分有价值的项目。黄粉虫是人工养殖最成功的昆虫种类之一。陈彤同志在研究工作中也遇到过许多困难和挫折,由于他对工作的认真、顽强和执著，才能有今天的成绩。

《黄粉虫养殖与利用》一书首次较详细地介绍了黄粉虫的生物学特性、饲养方法及利用途径。他总结了多年的研究成果，确认黄粉虫可作为食品、保健品和化妆品的原料，经过特殊工艺加工的黄粉虫食品是安全可靠的，而且黄粉虫的生产成本低于普通肉类食品，黄粉虫工厂化养殖的技术已日趋成熟。这一切都说明黄粉虫不仅是一种优秀的动物饲料，而且具备了作为人类食品新资源的条件，将成为继养蜂业、养蚕业之后最值得开发利用的昆虫产业之一。望有更多的专家、学者和企业家共同来研究和开发利用黄粉虫，拓宽其在畜禽业、医药业、食品业、保健品业、化妆品业等领域的应用，使之逐渐形成以黄粉虫为原料的系统产业。

周　尧

1999 年 10 月

第3版前言

在恩师周尧教授为本书作序12年后，深深怀念跟随周先生的12载，值此周尧教授诞辰100周年之际，再次修订本书。

本书自2000年1月上市以来，受到了广大读者欢迎，先后印刷15次，发行量达21万册。十年间作者收到了全国各地数千名读者的来信、来电，有的还千里迢迢亲自登门咨询，使我深深感受到了广大养殖户的热情和艰难。本次修订汇总大多数读者在生产过程中遇到的具有共性的问题，集中在第六章中进行说明。

书中总结了笔者最新的研究成果和开发经验，论述了黄粉虫的生活习性、养殖方法、运输方法以及开发利用前景。希望这本书的再版对广大黄粉虫养殖者能有所帮助。

笔者之恩师、当代著名昆虫学家周尧教授在他的《中国昆虫学史》中讲到："从历史上来研究，古代时候，昆虫曾在人类食谱中占过重要地位。但今天它在人类食谱中的地位几乎完全丧失了。从人类的食谱中取消那些有营养且可口的食品，我认为这是很可惜的事。"从学术上讲，食用昆虫学已成为应用昆虫学的一门分支学科。世界各国都展开了食用昆虫的研究。不少国家开设了"昆虫餐厅"，开发出了各种昆虫菜肴、糕点等食品，很受消费者欢迎。

笔者从1986年开始研究昆虫的开发和利用。起初，研究黄粉虫是为了研究杀虫剂的药效及研究如何利用黄粉虫作为畜禽饲料。20多年来的研究成果证明，黄粉虫是一种十分有价值的高级食品原料，并且具有一定的保健功能。多年的发展使黄粉虫已具备了实现产业化生产的各项条件，其规模生产成本与常规肉食品价格相当，而它的营养成分和保健功能却优于大多数传统肉类食品。希望能有更多的学者和企业家关注并参与黄粉虫的研究与生产，使之尽快形成产业，将其开发为高级营养食品新资源。

我们在黄粉虫研究过程中得到了西北农林科技大学周尧教授和袁锋教授的指导，以及陕西省经贸学校陈旭仓和王浩良老师，西安医科大学周明琪教授、王振林教授，西安市轻工业研究所相关课题组同志们的支持，在此一并表示感谢。

本书在文字上尽量做到通俗易懂，希望对读者有所帮助。黄粉虫的开发利用涉及多学科的专业内容，内容难免有疏漏、错误之处，望业内同仁和广大读者多提宝贵意见。

为了方便读者联系，作者创建了专门QQ群(QQ群号:153069340，群名:黄粉虫养殖与利用陈彤)，以便和读者网上交流。声明:该群仅接受本书读者，旨在帮助读者解决生产中遇到的问题。由于作者时间关系不可能随时在线，可能有时会较迟回复，望读者朋友理解。

作　者

目录

第一章 概 述

一、黄粉虫的应用价值

黄粉虫 *Tenebrio molitor* Linne，又名大黄粉虫、面包虫，通称黄粉甲。在分类阶元中属昆虫纲、鞘翅目、拟步甲科、粉虫属。黄粉虫作为仓库害虫在自然界分布较广，在我国长江以北大部分地区均有分布，曾经在黄河流域发生量较大，为粮食仓库的重要害虫之一。黄粉虫在仓库的自然条件下因地区不同，生长期一般为 1 年 1～2 代。广泛存在于粮食、药材及各种农副产品仓库中。20 世纪 60 年代黄粉虫在我国曾经被列为重要的仓库害虫，也是世界性的害虫。近年来由于储粮设施的优化、仓库防虫技术的普及和推广，在黄粉虫的原发生地区，规范的粮仓内已经很少发生黄粉虫的危害。但是在少数的中小型轻工业用粮的不规范粮食仓库中，仍然可以发现少量的黄粉虫，比如饲料加工业仓库、啤酒厂原料库等。

由于黄粉虫随着人类史上的生产劳作和储藏粮食的开始，就长期生活在仓库中，所以幼虫复眼退化，成虫后翅退化不善飞翔，食性杂、繁殖量大，对温湿度及环境的适应能力很强，因此特别适宜人工喂养。据考证，19 世纪初就有了人类养殖和利用黄粉虫的记录。最初，黄粉虫被用作宠物、鸟、禽及珍稀动物的饲料，科学家将黄粉虫用于检测杀虫药剂的毒性试验,其也被昆虫学界的科研、教学用作昆虫生理学、生化学、解剖学及生物学等方面的试验材料。近 50 年来黄粉虫已逐渐发展为特种经济动物养殖的高级营养饲料。

近年来,国内外的相关研究机构、企业对黄粉虫的人工养殖、营养价值及开发利用等进行了较多的研究。已公开的研究成果有黄粉虫的蛋白质、氨基酸、脂肪、脂肪酸、微量元素和维生素等生化物质的提取以及对人类保健功能的试验,以黄粉虫为原料制作食品和保健品,如黄粉虫系列小食品、高蛋白饮料、氨基酸口服液、黄粉虫保健油和几丁聚糖的提取等研究也广泛开展,这些都为今后黄粉虫的产业化和市场化奠定了坚实的理论和技术基础。经过 20 多年的研究实践及总结前人经验,作者认为,黄粉虫不仅可做各类药用动物、宠物和珍禽的优良饲料,而且经过特殊加工后,可做人类的食品原料及保健品、化妆品的原料。

黄粉虫人工饲养的方法比较容易掌握,一般的养殖户经过短期培训即可养殖,养殖条件要求不高,饲料来源丰富,较省人工,繁殖快,养殖成本低,值得大力推广。相信随着黄粉虫养殖的发展,其将会与常规的养殖业一样,逐渐形成规模化,成为蓬勃发展的新兴产业。以黄粉虫为原料加工的食品、保健品、美容化妆品将会为人类添加一种新型原料。

二、黄粉虫的营养价值

黄粉虫作为饲料应用十分广泛,特别是近几十年来,人们将黄粉虫作为珍禽、蝎子、蜈蚣、蛤蚧、蛇、鳖、牛蛙、林蛙、热带鱼和金鱼等经济动物和宠物的饲料。以黄粉虫为饲料养殖的动物，不仅生长快、成活率高，而且抗病力强，繁殖力也有很大提高。但仅仅作为饲料利用，未能充分体现黄粉虫的价值。如果以黄粉虫作为原料加工成食品、保健品、美容化妆品，则更能发挥其利用价值。

（一）黄粉虫的蛋白质及氨基酸含量

黄粉虫（干品）的蛋白质含量一般在35.3%～71.4%之间（表1-1）。成虫的蛋白质含量最高，蛹的蛋白质含量最低，而且季节不同黄粉虫的蛋白质含量也不同，幼虫的初龄期与老熟期蛋白质含量也有较大差异。

表1-1　几种昆虫干粉的主要营养素含量

类　别	水　分（克/千克）	脂　肪（克/千克）	蛋白质（克/千克）	糖　类（克/千克）	硫胺素（毫克/千克）	核黄素（毫克/千克）	维生素E（毫克/千克）
黄粉虫Ⅲ*	37	288.0	489	107	0.65	5.2	4.4
黄粉虫蛹	34	405.0	384	96	0.60	5.8	4.9
柞蚕蛹	45	280.0	570	85	0.50	6.2	3.5
蚱　蝉	40	71.9	714	109	—	—	—
蝗　虫	31	76.5	705	128	—	—	—
蜂　蛹	38	264.0	353	—	—	—	—
蚂　蚁	41	192.0	695	—	—	—	—

* Ⅲ为安全性毒理试验中所用不同处理样品的编号

从表1-1中可以看出，黄粉虫的组织95%以上的营养物质，作为饲料和食品具有较高的利用率。黄粉虫脂肪和蛋白质含量较高,但会因不同季节、不同虫态而有很大的变化。黄粉虫的初龄幼虫和青年幼虫生长活跃期新陈代谢旺盛,这时体内脂肪含量相对较低,蛋白质含量较高。老熟幼虫和蛹体内脂肪含量较高,蛋白质含量相应较低。越冬虫态因抵御寒冷维持生命活动的需要,体内储藏有大量脂肪。因活动量小,其蛋白质含量相应比同龄生长期的幼虫含量低。黄粉虫的生长过程中各龄期和虫态的蛋白质与脂肪含量上下浮动可达20%以上,在虫体总重量不变的情况下,其脂肪与蛋白质含量的浮动呈反比。因此,在利用黄粉虫时,应充分考虑到这一因素。在提取黄粉虫脂肪时,应选择进入越冬态的老熟幼虫和蛹,其脂肪含量最高;利用黄粉虫蛋白质作为饲料或食品时,选用生长活跃期的幼虫较好。这是大多数越冬虫态所特有的现象,也为昆虫油和蛋白质产品的深加工提供了理论依据。

例如,在陕西省关中地区,8月份黄粉虫幼虫正处于生长旺季,老熟幼虫(干品)的蛋白质含量在48%~52%,脂肪含量在27.5%~30%;12月份处于越冬态的黄粉虫老熟幼虫(干品)的蛋白质含量在36.5%~43.5%,脂肪含量在36%~46.5%。如果在生产过程中把握好这个规律,可使蛋白质或脂肪产量提高20%左右。黄粉虫蛹的脂肪含量为最高,其质量也有所不同,在深加工中有待进一步研究。

从表1-1还可看出,黄粉虫与柞蚕蛹的核黄素(维生素 B_2)和维生素E含量都很高,这在动物性脂肪中是很少见的。这2种营养素都是人体不可缺少的。我国人群膳食营养中普遍核黄素不足,表现经常患口腔溃疡。核黄素对人体能量代谢过程也有着重要的意义。维生素E有保护细胞膜中的脂类免受过氧化物损害的抗氧化作用,具有一定的抗衰老功能,也是人体不可缺少的营养素。因此黄粉虫作为一种富含核黄素和维生素E的保健品原料大有用途。

黄粉虫的人体必需氨基酸含量也较丰富(表1-2、表1-3)。

表1-2 几种昆虫粉的氨基酸含量 (毫克/克)

虫 名	天门冬氨酸	苏氨酸	丝氨酸	谷氨酸	脯氨酸	甘氨酸	丙氨酸	胱氨酸	缬氨酸
黄粉虫Ⅲ	35.37	17.70	19.80	57.44	32.59	23.36	30.02	3.51	32.90
黄粉虫蛹	33.28	17.78	19.90	57.86	31.28	23.78	33.17	1.96	32.18
柞蚕蛹	45.50	23.51	23.00	51.00	28.99	19.10	29.01	5.90	29.10
蜂 蛹	21.48	9.03	9.47	31.01	11.07	11.91	16.47	8.08	12.10
蚂 蚁	43.10	21.01	22.11	62.49	32.91	63.08	46.91	3.04	38.70

虫 名	蛋氨酸	异亮氨酸	亮氨酸	酪氨酸	苯丙氨酸	赖氨酸	组氨酸	精氨酸	色氨酸
黄粉虫Ⅲ	3.61	13.32	24.76	26.42	7.82	24.66	13.60	23.92	3.58
黄粉虫蛹	7.35	20.79	32.53	24.77	7.44	22.27	13.19	22.18	3.55
柞蚕蛹	10.00	35.10	33.13	35.09	27.48	34.07	17.45	25.02	4.70
蜂 蛹	4.51	15.10	18.03	80.00	9.51	14.50	5.50	11.00	—
蚂 蚁	6.75	32.50	38.54	32.58	22.51	24.14	13.56	21.13	—

表 1-3　昆虫中必需氨基酸比值与人体必需氨基酸比值之比较

(比值：以色氨酸为 1)

区　分	色氨酸	苏氨酸	蛋+胱氨酸	异亮氨酸	苯丙+酪氨酸	赖氨酸	缬氨酸	亮氨酸
黄粉虫Ⅲ	1.0	4.94	2.00	3.72	9.56	6.89	9.19	6.92
黄粉虫蛹	1.0	5.01	2.62	5.85	9.07	6.27	9.06	9.17
蚕　蛹	1.0	5.00	3.38	7.47	6.90	7.25	6.17	7.04
婴幼儿	1.0	5.10	3.40	9.50	4.10	7.40	6.00	5.50
成年人	1.0	2.00	3.70	4.00	2.90	4.00	3.40	2.90

注:婴幼儿及成年人数值是国际卫生组织确认的、维持正常生理活动所需的理想比值

从表 1-2 可以看出,昆虫的氨基酸种类齐全而且含量较高。从表 1-3 可以看出,黄粉虫和蚕蛹的人体必需氨基酸比值接近联合国粮农组织和世界卫生组织估计的人体所需氨基酸的理想比值,尤其与婴幼儿所需要的比值相接近。所以黄粉虫的蛋白质是较理想的人类食用蛋白质。若将黄粉虫原料与其他食品合理搭配,经科学调制可作为婴幼儿的营养食品,也可作为运动员的特种食品和保健品原料。

(二)黄粉虫的脂肪含量和脂肪酸结构

从表 1-1 可以看出,大多数昆虫脂肪含量较高,特别是黄粉虫蛹的脂肪含量更高。黄粉虫脂肪酸的分析结果(表 1-4)表明,黄粉虫脂肪中不饱和脂肪酸含量较高,主要是人体必需脂肪酸(亚油酸)和软脂酸($C_{16:0}$),而有增高血胆固醇作用的肉豆蔻酸($C_{14:0}$)含量较低。这些都说

明黄粉虫脂肪是一种对人类健康有益的脂肪，具有食用保健功能的开发价值。

表 1-4 黄粉虫脂肪中的脂肪酸种类 (%)

脂肪酸种类	$C_{14:0}$	$C_{16:0}$	$C_{16:1}$	$C_{18:0}$	$C_{18:1}$	$C_{18:2}$	$C_{18:3}$
含 量	6.52	18.92	0.99	2.43	46.28	23.10	1.76

注：不饱和脂肪酸与饱和脂肪酸的比值 P/S 为 0.9

(三)黄粉虫的常量元素与微量元素含量

黄粉虫体内所含的微量元素主要来源于饲料。经反复取样测试证明，黄粉虫的微量元素含量丰富(表 1-5)，部分微量元素含量可因饲料种类和产地不同而有所变化。如在饲料中加入适量亚硒酸钠，经虫体吸收可转化为生物态硒，从而可定性、定量生产富硒食品。因此可将黄粉虫作为补充人体微量元素的一种新食品资源。

表 1-5 昆虫干品中常量元素与微量元素含量

昆虫类别	钾(克/千克)	钠(克/千克)	钙(克/千克)	磷(克/千克)	镁(克/千克)	铁(毫克/千克)	锌(毫克/千克)	铜(毫克/千克)	锰(毫克/千克)	硒(毫克/千克)
黄粉虫Ⅲ	13.70	0.656	1.38	6.83	1.940	65	0.122	25	13	0.462
黄粉虫蛹	14.20	0.632	1.25	6.91	1.850	64	0.119	43	15	0.475
蜂 蛹	—	8.600	4.80	1.95	0.016	191	0.064	21	350	0.175
蚕 蛹	11.35	0.311	9.50	6.05	3.100	170	0.014	2	1	—
蝉	3.00	—	0.17	5.80	—	—	0.082	—	—	—

试验结果表明，在黄粉虫养殖过程中，饲料中各种微量元素的含量决定着黄粉虫体内相关元素的含量，即饲料中各种微量元素含量与虫体微量元素含量成正比。由于黄粉虫具有较强的富集微量元素的性能，一方面可以

通过饲料的投入调整虫体内有益元素的含量,另一方面有害元素也可以通过饲料富集到虫体内。因此,饲料的来源渠道及质量控制十分重要。

黄粉虫作为饲料,其蛋白质含量高,氨基酸比例合理,脂肪和微量元素含量均优于鱼粉。黄粉虫幼虫适宜活体直接饲喂,不需经过加工处理,因而不会破坏虫体的活性物质。鲜活虫饲料对动物生长的促进作用是其他饲料所不能比拟的。黄粉虫干粉加入复合饲料中替代鱼粉,可获得比鱼粉更好的饲喂效果。目前,黄粉虫在特种养殖业中应用十分广泛。

黄粉虫不仅蛋白质质量好,人体所需各类营养素含量亦十分丰富。经过科学方法加工的黄粉虫食品,味美可口,营养丰富。从黄粉虫的表皮中提取的几丁质,是制造多功能食品及药品的原料之一。

综上所述,黄粉虫营养丰富,蛋白质质量优良,必需氨基酸比值接近人体必需氨基酸比值,尤其与婴幼儿所需的比值相近,是比较难得的食品原料。黄粉虫脂肪优于畜禽类脂肪,特别是其所含有的丰富维生素 E 和核黄素更为难得。黄粉虫还可作为微量元素转化的"载体",在黄粉虫的饲料中加入含人体所需微量元素的无机盐,饲喂后可在黄粉虫体内转化为生物态微量元素,使黄粉虫成为具有保健功能的食品原料。以黄粉虫为原料制成的食品,是一类优质营养品,极具开发价值。

(四)黄粉虫的安全性毒理试验与排杂、排毒

1986 年之前,国内外没有人类食用黄粉虫的记录,如

果要将黄粉虫作为食品原料，生产新资源食品，必须通过相关安全性毒理试验。依据卫生部有关新资源食品的安全性毒理学评价程序，陕西省西安市轻工业研究所在陕西省卫生防疫站和西安交通大学的支持和协助下，对黄粉虫等昆虫做了较系统的安全性毒理试验，试验内容包括：小鼠急性试验、7 天喂养试验、Ames 试验、微核试验、大鼠精子致畸试验和 90 天喂养试验。

该试验提供的为黄粉虫 HX1（汉虾 1 号）干粉样品，其处理方法如下：

取黄粉虫老熟幼虫→清理、去除杂物→70℃清水浸泡 10 分钟灭活→鼓风干燥箱 80℃90 分钟脱水→研磨制粉成 HX1 样品

在 HX1 样品试验过程中，除了 90 天喂养试验外，其他各项试验均顺利通过，结果均未发现黄粉虫样品含有对动物体有害的物质。然而 HX1 样品在大鼠 90 天喂养试验中，试验组大鼠出现了异常现象。高剂量组大鼠的脏器切片及血液检验证明，经普通方法加工的黄粉虫食品含有少量未知性毒素，使动物肝、肾组织有不同程度的损伤。继续用不同处理方法加工成的黄粉虫 HX2 号和 HX3 号样品，又进行了 2 次 90 天喂养试验，结果证实，黄粉虫 HX3 号样品对动物体安全无毒。3 次试验对照见表 1-6。可见处理工艺对于以黄粉虫为原料加工食品的安全性是至关重要的。只有经严格排杂处理的黄粉虫方能作为食品和保健品的原料。

表1-6 3次黄粉虫样品的大鼠90天喂养试验对照

试验次数	样品处理	试验现象	试验结果
第一次 HX1	普通清理	最高剂量组有肝肾可复性炎症,试验中途少数试验鼠死亡,含有未知毒素	不能作为食品
第二次 HX2	一级排毒排杂	最高剂量组两只大鼠肝肾具轻微可复性炎症,试验鼠无死亡	限制食用量日20克/50千克体重
第三次 HX3	三级排毒排杂	全部试验大鼠检测正常,无肝肾炎症,试验鼠无死亡	安全无毒级

三、国内外黄粉虫的研究及利用概况

(一)国外开发利用黄粉虫概况

目前有许多国家和地区在开发利用黄粉虫,有的还设立了专门机构,进行深入的研究。最早进行研究的有法国、德国、俄罗斯和日本。从饲料应用、人工养殖技术的改进到产品的食用、药用及保健功能的探索等,取得了许多进展,这些方面已有较多的报道。由于黄粉虫具有较强的耐寒防冻功能,只要是正常进入越冬的虫态,虫体可以耐受－5℃不结冰,而且在温度恢复到适宜生长时会很快复苏,恢复到正常生长状态。黄粉虫这一特性可用于培育转基因蔬菜,从而延长寒冷地区蔬菜的保鲜期,也可用于生产寒冷地区的饮料、药品、车用水箱及工业用防冻液和抗结冰剂。还有报道称,以黄粉虫为原料,提取生化活性物质，可生产特殊药品，如干扰素等。有一些国家将黄粉虫加工成菜肴，摆上了餐桌；有的以黄粉虫为原料制作药品和保健品，如以黄粉虫体内提取的几丁质为原料生产果蔬增产催熟剂、美容化妆品等。

目前黄粉虫在国外主要用于宠物饲料和观赏鱼饲料。其作为宠物猫、狗饲料的添加剂，加入膨化饲料中替代畜禽性动物蛋白原料，可杜绝疯牛病、口蹄疫和禽流感等传染病向家养宠物传播。黄粉虫干品作为观赏鱼饲料具有较大的市场潜力。与传统饲料相比具有较多的优越性，如营养成分丰富，饲料转化率高，在水上漂浮时间长，可使观赏鱼生长速度加快，繁殖率、成活率提高，抗病能力增强等。试验证明，在同等条件下，以黄粉虫干品饲喂的锦鲤，比用复合饲料和鱼虫饲喂的锦鲤生长速度快，健康状况好，体长可增加25%以上。并且由于干虫体在水面漂浮时间长，对水质基本没有污染，已经逐渐被观赏鱼养殖户接受。我国每年出口的黄粉虫干品大多用于观赏鱼饲料和宠物饲料。

（二）国内开发利用黄粉虫情况

我国黄粉虫养殖是从20世纪初开始的，当时黄粉虫主要用作药用动物及观赏鸟的饲料，也用于科研教学。近几年，黄粉虫的养殖已遍及全国，各地的花鸟鱼虫市场都有黄粉虫销售，而且销量亦逐年增加。黄粉虫也由最初做蝎子和鳖的饲料发展到作为观赏鸟、锦鲤、金鱼、乌龟、蛤蚧、蜥蜴、蛇、牛蛙和热带鱼等十余种动物的饲料。近年各地学者对黄粉虫食用性的研究成果较多，餐饮系统、宾馆、饭店也逐渐将黄粉虫搬上了餐桌,并逐渐被消费者所接受。

近年来,有的科研单位和机构开展了利用黄粉虫的表皮提取几丁质和几丁聚糖的研究。几丁质又称甲壳质,为乙酰氨基葡萄糖多聚体,广泛存在于低等植物、菌类、甲壳动物外壳和高等植物细胞壁中。几丁聚糖又称壳聚糖,是几丁质脱乙酰基产物。几丁质和几丁聚糖均有广泛的用途,可用来制作具有活化细胞、抗菌、止血作用的人造皮肤,以及用作食品稳定剂、乳化剂、防腐剂和澄清剂,还可用于制造具有抑菌、防腐、抗过敏作用的纺织品。

目前市场上的几丁质产品多是从虾、蟹壳中提取的。虾壳、蟹壳中含有大量的石灰质及蜡质,几丁质含量仅为4%~6%,且提取工艺较复杂。而昆虫体壁石灰质及蜡质含量较低,几丁质含量达20%~40%,提取较容易,质量好,在药品、保健品、食品、化妆品、纺织品或农、林、果、蔬增产剂等制造业中具有诸多的用途。

黄粉虫脂肪含有丰富的不饱和脂肪酸,可提纯做医用和化妆品用脂肪。黄粉虫脂肪能提高皮肤的抗皱功能,对皮肤疾病也有一定的治疗和缓解症状作用。

目前国内黄粉虫市场增长迅速,但是多为初级产品,至今还没有真正的深加工产品上市。近年来大量的养殖户盲目地投入,黄粉虫市场经常呈现过剩,造成市场价格下降。中、小规模养殖户的养殖技术差、成本高,不具竞争能力,多处于维持阶段。预计未来国内外对黄粉虫的需求量将逐年增加，其市场将会逐渐规范。

（三）黄粉虫饲料与食品的开发

黄粉虫作为饲料，市场已经初具规模，可分为鲜虫饲料和干虫饲料两大类。鲜虫饲料主要在各地的花鸟鱼虫市场和养殖户之间，除了用于宠物、特种养殖业以外，近年来广泛被观赏鱼市场接受，市场潜力很大。由于干虫易于包装、运输和保存，国际市场需求量也在逐年扩大，前景看好。

陕西省西安市轻工业研究所 10 年来一直在进行黄粉虫食品研究，目前已开发出四大系列产品。

1. 全粉类——生产小食品系列　将黄粉虫经严格排杂工艺处理（未经严格排杂处理的黄粉虫不得直接用于加工制作食品），再经消毒、固定，烘干（脱水）后磨成粉，称之为“汉虾粉”（“汉虾”已注册商标）。汉虾粉可作为食品原料，加入米、面食品中，制成系列食品。如在饼干中加入 7%汉虾粉，其蛋白质含量可提高 1 倍以上；膨化食品中加入 5%汉虾粉，可使膨化食品香酥可口，营养丰富；将汉虾粉加入酥糖或月饼馅里，可制成风味独特的“汉虾酥糖”和“汉虾月饼”。

2. 蛋白分类——生产饮料系列　将经过排杂的黄粉虫打浆、磨汁，滤去表皮，以汁液调配成风味饮料，或将浆汁干燥喷粉，调配成冲剂。该饮料蛋白质含量在 10%以上，数倍于牛奶的蛋白质含量，口味属果仁香型，风味独特。

将微波炉加工的黄粉虫经过超低温冷冻、超临界萃取,提取蛋白粉制成的蛋白粉冲剂,是优良的蛋白营养剂。

3. 虫油系列保健品 深加工超临界萃取提取黄粉虫脂肪,用于保健品油和化妆品精油的开发。

4. 几丁聚糖 用黄粉虫表皮提取的几丁聚糖,可用于制作保健品和医用辅料品原料。

深加工产品对生产设备、技术要求较高,生产投资大。和食品系列一样,黄粉虫原料必须经过严格的卫生检验和行业审批许可方可使用。

第二章　黄粉虫的形态特征与生物学特性

一、黄粉虫的形态特征

黄粉虫的生长过程分成虫、卵、幼虫、蛹 4 个虫态期（图 2-1）。

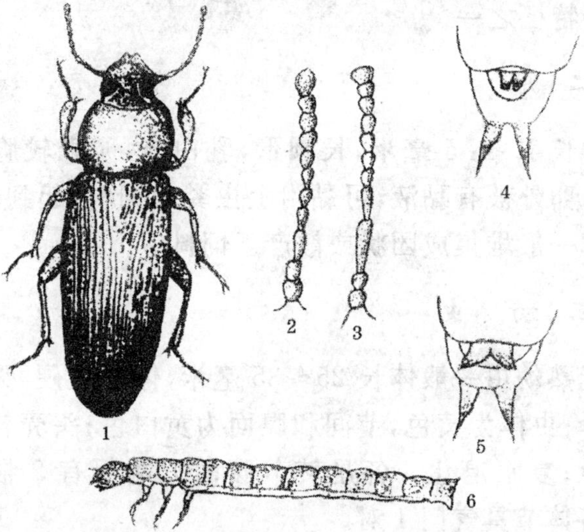

图 2-1　黄粉虫

1. 成虫　2. 黄粉虫触角　3. 黑粉虫触角

4. 雄性蛹乳突　5. 雌性蛹乳突　6. 幼虫

(一)成　虫

成虫体长12～20毫米,体色呈黑褐色,体型为长椭圆形,似半片长形黑豆。由于长期人工养殖,很多地区黄粉虫品质退化,在形态上差异也会很大。在放大镜下观察,可见虫体表面密布细坑状斑点,无毛,有光泽。复眼红褐色,触角念珠状,着生细毛,有11节,触角末节长大于宽,第一节和第二节长度之和大于第三节的长度,第三节的长度约为第二节的2倍,这是其与黑粉虫成虫区别的主要特征之一。

(二)卵

卵长1～1.5毫米,长圆形,乳白色,卵壳较脆软,易破裂。卵外被有黏液,可黏附上虫粪和饲料,起到保护作用。卵一般堆集成团状或散产于饲料中。

(三)幼　虫

老熟幼虫一般体长25～35毫米,体壁较硬,无大毛,有光泽;虫体为黄色,节间和腹面为黄白色;头壳较硬,为深褐色;复眼退化。各足转节腹面近端部有2根粗刺。腹部各体节具气门1对。

(四)蛹

蛹长15～25毫米,乳白色或黄褐色,无毛,有光泽,呈弯曲状。芽状鞘翅伸达第三腹节,腹部向腹面弯曲明显。腹部各节背面两侧各有一个较硬的深褐色侧刺突,腹部末端有一对较尖的弯刺、呈“八”字形，末节腹面有一对不分节的乳状突。雌蛹乳状突大而明显，端部扁平，向两边弯曲，有少量纤毛；雄蛹乳状突较小，端部呈圆形，不弯曲，基部合并，有少量纤毛。以乳状突的形状可区分雌雄。

与黄粉虫同属的黑粉虫 *Tenebrio obscurus* Fabricius，又名伪步行虫、拟步甲、大黑粉虫，体形、大小与黄粉虫基本相同，二者为同一属的两个虫种，应注意区别(表 2-1)。

表 2-1　黄粉虫与黑粉虫形态特征的区别

区　分	黄粉虫	黑粉虫
体　形	成虫体较圆滑	成虫体较扁平
体　色	成虫赤褐色具光泽；幼虫胴部各节背中部及前后缘为黄褐色，腹面及节间为浅黄色	成虫深黑色无光泽；幼虫胴部各节为黑褐色，节间与腹面为黄褐色
触　角	末节长大于宽，第三节短于第一、二节之和	末节宽大于长，第三节大于第一、二节之和

黄粉虫和黑粉虫的幼虫较好区别。黄粉虫幼虫体以黄色为主；黑粉虫幼虫以黑色为主，黑色面积较大，十分明显。黑粉虫成虫体表无光泽，体较黄粉虫扁平，尤其是以触角的特征区分二者较为方便。黄粉虫与黑粉虫的生物学特性和食性有较多相似之处，在自然界发生及分布区域有所不同。黄粉虫分布在我国北部地区，尤其是 20 年前陕西省黄河以北地区卫生管理不善的仓库中常可采到。黑粉虫适应性较广，作为仓库害虫，在我国黄河以南地区常有发生。黑粉虫和黄粉虫同为仓库重要害虫，危

害粮食、油料、肉制品、药材及各种农副产品,易出现在仓库的墙角、架底潮湿的地方。近年来,由于仓库储藏技术的不断规范和发展,粮仓害虫的发生也在逐年减少,目前很少能在正规仓库中找到黄粉虫。

黑粉虫比黄粉虫生性活泼,负趋光性(即喜黑暗),爬行迅速,雌虫产卵量比黄粉虫少,且成活率较低下,一般6～18个月繁殖1代,饲料利用率低,人工养殖周期较长,经济效益远不及黄粉虫。

在黄粉虫及黑粉虫混养的养虫箱中,我们发现了其杂交品种,部分杂交品种生活力强,生长速度快。在培养黄粉虫新品种时,利用了黑粉虫的这一特点,使两者杂交,经过十余年反复试验和筛选,产生相对稳定的新的杂交品系,以解决当前黄粉虫品种退化的问题。

二、黄粉虫的解剖学结构

黄粉虫与大多数节肢动物一样,具有外骨骼、体腔血液循环系统。了解黄粉虫的内部结构,有助于解决养殖和生产中遇到的一些问题。

(一)消化系统

黄粉虫幼虫和成虫的消化道结构不完全相同(图2-2、图2-3)。幼虫的消化道平直而且较长;成虫的消化道较短,中肠部分较发达,质地较硬。幼虫的马氏管一般为6条,直肠较粗,且壁厚质硬,与回收水分有关;成虫的消化道相对短细一些,由于生殖系统同时占有腹腔空间,消化系统不及幼虫发达。因此，在饲养过程中对繁殖组的成虫要特别关照。为了扩大繁殖量，延长成虫寿命，在饲料配方中可以将成虫饲料的营养成分适当提高，加工粒度应更精细些。良好的饲料和环境会提高成虫的产卵量和卵的质量。

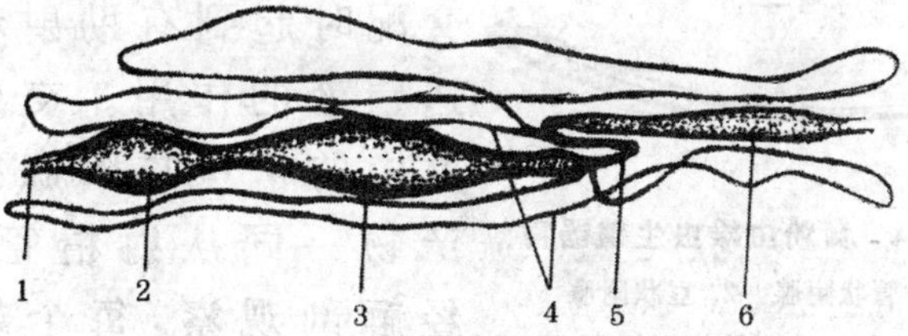

图 2-2　黄粉虫幼虫消化系统

1. 食管　2. 嗉囊　3. 胃(中肠)

4. 马氏管　5. 肠　6. 直肠

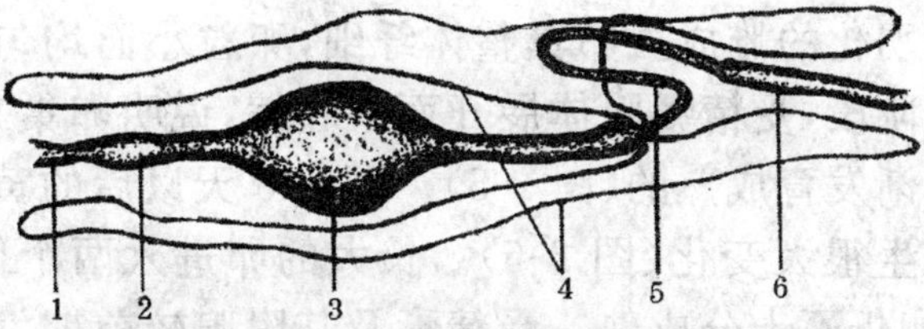

图 2-3　黄粉虫成虫消化系统

1. 食管　2. 嗉囊　3. 胃

4. 马氏管　5. 肠　6. 直肠

(二)雄虫生殖系统

雄虫管状附腺与豆状附腺发达成对，可见睾丸

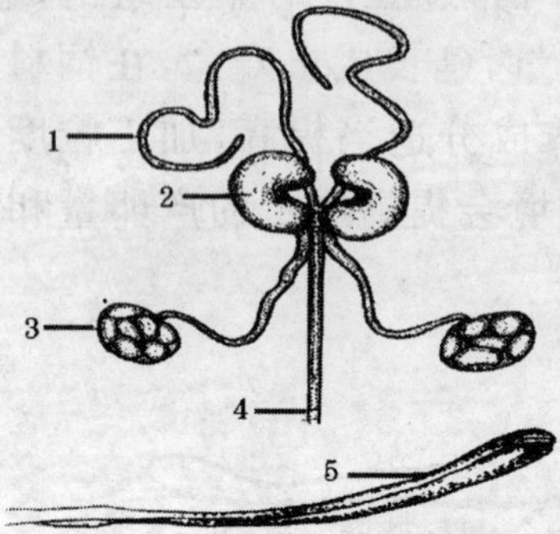

图 2-4 黄粉虫雄虫生殖器官
1. 管状附腺 2. 豆状附腺
3. 睾丸 4. 射精管 5. 阳茎

内有许多精珠。雄虫羽化5天后睾丸和附腺已十分发达、清晰(图2-4)。活体解剖可见雄性管状附腺不断伸缩,向射精管输送液体,其与豆状附腺可能在交配时起到有助射精和输送精液的作用。交配时睾丸中的精珠与附腺排出的产物一同从射精管排出。经解剖观察,每个雄虫有10～30个精珠,说明每头雄虫一生可交配多次。

(三)雌虫卵巢发育与产卵量

刚羽化的雌成虫卵巢整体纤细,卵粒小而均匀,卵子呈初级阶段,受精囊腺体展开而不收缩,说明卵巢是在羽化后逐渐发育成熟的(图2-5)。羽化5天以后的黄粉虫,卵巢发生很大变化(图2-6)。长大的卵进入两个侧输卵管,但卵仍不十分成熟。受精囊及其附腺较前期发达,较粗壮一些,特别是受精囊附腺开始具有初级的收缩功能。

黄粉虫羽化15天后,到了产卵盛期,每天产卵可达数十粒。大量的成熟卵在两侧输卵管存积,使两侧输卵管变为圆形。端部卵巢小卵不断分裂出新卵(图2-7),如果此时营养充足,护理好,端部会出现端丝。端丝的出现有望增加更多的卵。笔者在做黄粉虫活体解剖时,发现受

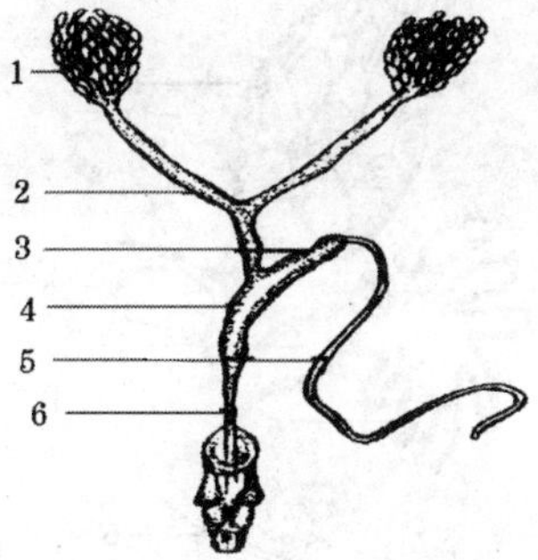

图 2-5　黄粉虫卵巢Ⅰ
(羽化 2 天)
1. 卵巢　2. 侧输卵管
3. 受精囊　4. 输卵囊
5. 受精囊附腺　6. 排卵管

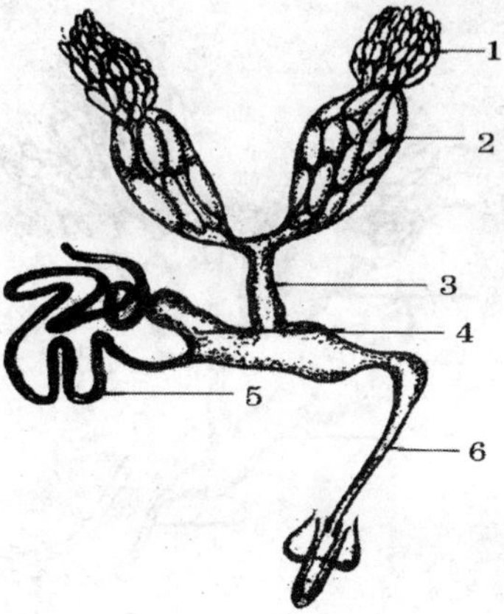

图 2-6　黄粉虫卵巢Ⅱ
(羽化 5 天)
1. 卵巢　2. 卵
3. 中输卵管　4. 受精囊
5. 受精囊附腺　6. 排卵管

精囊附腺能大幅度伸长和收缩弯曲，以此可为受精囊输送水分和补充营养，也有助于排卵运动，在输卵管后增加压力使卵排出，并输送黏液以保护卵。已经成熟的卵可在 1 天中全部产出。

黄粉虫排卵 28 天后，如果没有特殊的营养能源支持，卵巢逐渐开始退化(图 2-8)。如果此时补充优良饲料，可促进雌虫性腺发育。这时，个别雌虫体会出现一侧卵巢退化，而另一侧卵巢则会继续生长且变得特别发达，产下比通常的卵粒大很多的大卵现象。这种大卵可以培育出优良的虫种，提高繁殖量和虫种质量。

在自然界，黄粉虫每年发生1～2代，以幼虫越冬。

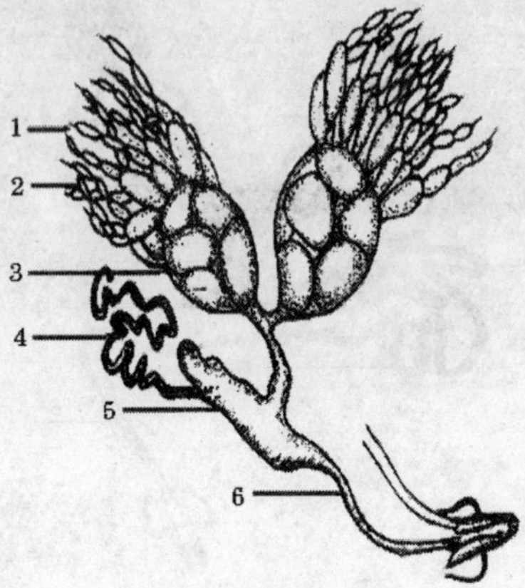

图 2-7　黄粉虫卵巢Ⅲ

(羽化 15 天)

1. 卵丝　2. 小卵

3. 成熟卵　4. 受精囊附腺

5. 受精囊　6. 排卵管

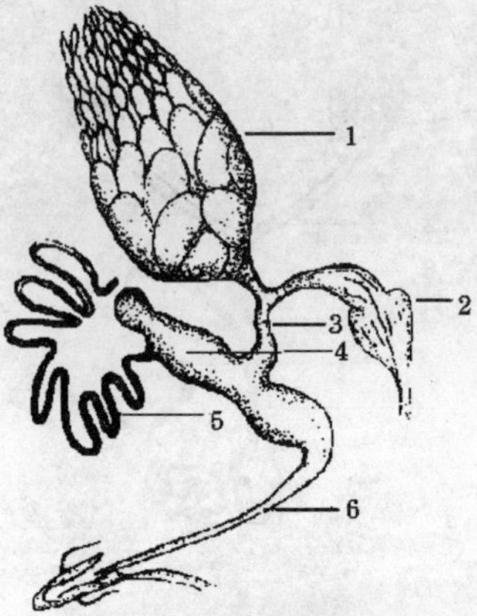

图 2-8　黄粉虫卵巢Ⅳ

(羽化 30 天)

1. 卵巢　2. 萎缩的卵巢

3. 中输卵管　4. 受精囊

5. 受精囊附腺　6. 排卵管

三、黄粉虫的生物学特性

黄粉虫有 2 年发生 1 代或 1 年 2 代的现象，但很少见。在北方地区，越冬幼虫 3 月中旬至 4 月份开始化蛹，5 月中旬开始羽化、并产卵繁殖。由于个体变态时间极不一致，同一批的黄粉虫幼虫，从群体中出现化蛹者到最后一只化蛹完毕，时间可持续 30 天以上。所以黄粉虫生长期往往同时出现卵、幼虫、蛹和成虫，可谓之“四态同堂”现象。由于长年人工饲养驯化，冬季加温，可使黄粉虫每年发生 2～4 代。在最适温度、湿度条件下，其生长发育情况见表2-2。

表2-2 黄粉虫在适宜温度、湿度条件下的生长情况

虫态	温度(℃)	空气相对湿度(%)	孵化、羽化(天)	生长期(天)
成虫	22～35	55～75		20～90
卵	24～34	55～75	6～9(孵化)	
幼虫	22～34	65～75		85～130
蛹	25～30	65～75	7～12(羽化)	

(一)成　虫

初羽化的成虫为乳白色，较娇嫩，2天后逐渐变得坚硬，色变褐红，开始取食、交配、产卵。

黄粉虫食性杂，大多生活在各种农林产品库房中，如粮仓、饲料库、药材库等。凡是具营养成分的物质都可作为其饲料。成虫后翅退化，不能飞行，爬行速度快，喜黑暗、怕光，夜间活动较多。成虫在交配期对光线和触动十分敏感，稍有光线变化、触动或震动便会直接影响交配和产卵。成虫和幼虫均有自相残伤习性。成虫的寿命为30～160天，一般寿命为35～90天。雄虫寿命相对较短。雌虫产卵高峰期为羽化后10～30天，产卵量为50～680粒，平均260粒。若加强管理，保持最佳温、湿度，提供良好的饲料，可延长成虫寿命，并延长产卵期及增加产卵量，较好的虫种每只雌虫产卵量可达880粒以上。给成虫适当饲喂含糖分和含水饲料是十分必要的，卵巢的发育需要及时补充水分和营养。

成虫在饲料及营养不足时，会取食正在蜕皮的幼虫、

蛹或卵。针对这一习性,采取相应的管理技术十分重要,特别是在统计繁殖量时,容易忽略这一习性造成的损失。

在幼虫期,如果饲料配方合理、温湿度适中和饲养密度相对较小,羽化出的雌虫比例较大;反之羽化出的雄虫比例较大。所以饲料与温湿度也可以控制黄粉虫的雌雄比例。

成虫在产卵期亦和交配期一样,怕光、怕震动,应注意防控,以免影响到产卵的数量和质量。

(二)卵

黄粉虫在产卵时,将产卵器插入饲料中,卵常成堆集中产在一起,在排出卵粒的同时还分泌许多黏液,黏液将周围的饲料包裹在卵壳上,与卵粒结成团,可起到保护卵的作用。幼虫孵化后可直接食用卵壳和饲料。卵的孵化时间与环境温湿度的关系很大。当环境温度在25℃~32℃时,孵化期为5~8天;温度在19℃~23℃时,孵化期为12~20天;温度在15℃以下时,卵很少孵化。孵化期环境湿度不宜过高,空气相对湿度以65%~75%较适合。湿度过高会造成卵块霉变,降低卵的孵化率;湿度过低则会造成孵化率低下,或使虫卵干瘪而死亡。卵在冬季死亡率很高,所以卵不易越冬。

(三)幼　虫

黄粉虫幼虫的生长期一般为75~130天,最长可达480天,平均生长期为120天。幼虫一生中蜕皮次数差异较大,最少的蜕皮8次,最多的可蜕皮20次以上。一般经过 10～15 龄期(即按照蜕皮 1 次为 1 个龄期计算)。幼虫食性与成虫一样,但喂给不同的饲料可直接影响幼虫的生长发育。合理的饲料配方、较好的营养可加快其生长速度,降低养殖成本。幼虫喜黑暗,群养可促进群体运动。幼虫在运动中体壁互相摩擦生热,可促进虫体血液循环及消化功能,增强活性。幼虫蜕皮前活动减少,常伏于饲料的表面,呈静止状态,从头部开始蜕皮。刚蜕皮的幼虫为乳白色,十分脆弱,也是最容易受伤害的虫期。约 20 小时后虫体逐渐变为黄褐色,体壁硬度也随之增强。

幼虫和成虫一样,也具有自相残食的习性,在饲料不充足的情况下,会取食自己的同类。正在蜕皮的幼虫、正在化蛹的幼虫、蛹期、刚羽化的成虫和卵都易受到同类残食。因为蜕皮期的虫态基本处于静止状态,刚蜕皮后出现的新皮质地细嫩,很容易被同类食用。如果虫体受到损伤,其死亡和病残率几乎是 100%。

在一定温湿度条件下,饲料营养是幼虫生长的关键因素。若以合理的复合饲料喂养,不仅成本低,而且能加快其生长速度,提高繁殖量。如果在幼虫长到 3～8 龄期时停止喂饲,幼虫耐饥可达 6 个月以上。利用黄粉虫的这一习性,在市场需求量大时调整到最佳温湿度,饲喂最佳饲料,可以促进黄粉虫快速生长,称为快速生长法;在市场低迷、需求量小时,降低温湿度,饲喂高纤维、低淀粉、低糖的次等饲料,如发酵秸秆饲料等,可以延长幼虫生长期,降低成本,称为减速生长法。但是,当温度在 28℃以上、幼虫在 8 龄以上时,采用减速生长法降低饲料营养,可导致30%左右的幼虫提前化蛹,反倒会造成更多损失。因此,不论快速生长法还是减速生长法,都应在8龄期(幼虫体长在23毫米左右)以前开始。

(四)蛹

老熟幼虫化蛹时会爬到饲料的表面,裸露于饲料上。初化蛹时虫体呈乳白色,体壁较软,隔日后逐渐变为淡黄色,体表也变得较坚硬。蛹只能靠扭动腹部运动,不能爬行。黄粉虫的成虫和幼虫随时都可能将蛹作为食物。只要蛹的体壁被咬破一个小伤口,就会死亡或羽化出畸形成虫。蛹期对温湿度要求也较严格,如果温湿度不合适,造成蛹期过长或过短,都会使蛹感染疾病,降低存活率。蛹在22℃～30℃时才能正常羽化为成虫,最适温度应为25℃～30℃。在过高或过低的温度下蛹的死亡率会增加,很少羽化成为正常的成虫。在北方地区,如冬季室内不加温,蛹的成活率较低。蛹羽化适宜的空气相对湿度为65%～75%。湿度过大时蛹背裂线不易开口,成虫会死在蛹壳内;湿度过低空气太干燥,则会造成成虫蜕壳困难,发生畸形或死亡。

(五)雌雄比例及交配

黄粉虫的自然雌雄比例一般为1∶1。如果生长条件好,雌性数量会增加,雌雄比可达3.5～5∶1;如果生长条件差,雄性数量会超过雌性,雌雄比可达1∶4,而且后代成活率较低。每次交配时,雄虫输给雌虫1粒精珠,每粒精珠内储藏有近百个精子。雌虫将精珠存入储精囊内,每当卵子从储精囊口通过时，储精囊即排出 1 个或数个精子与卵子结合，之后受精卵排出体外。雌虫卵巢中也不断产生新的卵子，并不断地排卵。据观察，当雌虫体内精珠中的精子排完后又会重新与雄虫交配，及时补充新的精珠。所以如果雄虫比例小，也会影响繁殖率。经试验，尚未发现黄粉虫有孤雌生殖现象，而且卵的孵化率与成虫交配次数也有关系。

（六）互相残伤现象

黄粉虫群体中有互相残伤现象。各虫态均有被同类咬伤或食掉的危险。成虫羽化初期，刚从蛹壳中出来的成虫体壁白嫩，行动迟缓，易受伤害；从老熟幼虫新蜕化的蛹体软不能活动，也易受损伤；正在蜕皮的幼虫和卵也易成为同类取食的对象。所以，防止黄粉虫自相残伤、互相取食，是人工养殖黄粉虫的一个十分重要的问题。实验证明，黄粉虫取食同类主要是为了补充营养的不足。合理的饲料配方可以有效地减少黄粉虫自相伤残现象。

（七）负趋光性

黄粉虫由于长期在仓库黑暗环境中生存，幼虫复眼完全退化，仅有单眼 6 对，主要以触角及感觉器官来导向，怕光而趋黑；成虫也一样怕光，因此养殖场所应保持黑暗。利用黄粉虫的负趋光性也可筛选蛹及不同大小的幼虫。

（八）适应温度变化能力

黄粉虫对温度适应范围见表 2-3。

表 2-3　黄粉虫对温度的适应范围

温　区	温度(℃)	虫口密度(千克/米²)	结果现象
高温区	31～34	2.2	死亡率增高,生长期短,长度在 2.6 厘米以下化蛹
适温区	22～31	2.2	生长和繁殖正常
低温区	0～21	2.2	基本停止生长,很少羽化
致死低温区	<0	2.2	短期内降温幅度超过 20℃会致死
致死高温区	>34	2.2	患病率、残疾率增高,直至死亡

在夏季高温区时,黄粉虫死亡率高,虽然生长速度加快,但是幼虫老熟得快,长度往往在 2.6 厘米以下就开始化蛹。此时,作为产品的幼虫个体较小。

北方地区入秋后进入低温区时,如果不采取加温措施,黄粉虫则进入越冬虫态,很少取食。此时幼虫很少化蛹,蛹也很少羽化。

正常进入越冬虫态的黄粉虫在致死低温区大多可以安全度过冬季。但是在此温度区域如果因人为因素使昼夜温差超过 20℃以上,会造成其死亡。

在致死高温区的黄粉虫死亡率很高,即使有少数存活,也大多会生长成残疾虫。

黄粉虫对温度的适应范围很宽。在北方,自然条件下黄粉虫多以幼虫和成虫越冬,在仓库中可抵御－10℃以下的温度,但成活率很低。在仓库中 35℃以上的环境中开始出现死亡。秋季温度在 15℃以下开始冬眠,此时也有取食现象,但基本不生长、不变态。冬季黄粉虫进入越冬虫态后,如人为升高温度可恢复取食活动并继续生长变态。如在冬季将饲养室温度提高到22℃以上，幼虫可恢复正常取食，且能化蛹、羽化，但若使其交配产卵，则需将温度提高到25℃以上。黄粉虫的适宜生长温度为22℃～32℃，25℃～30℃为最佳生长发育和繁殖温度，致死高温为35℃。但在养殖环境下有时室温仅33℃时，黄粉虫便开始成批死亡。这是因为黄粉虫（幼虫）密度大时，虫体不断运动，虫与虫之间相互摩擦生热，可使局部温度升高2℃～5℃，导致死亡。此时必须尽快减小虫口密度，减少虫间摩擦，提高散热量。黄粉虫的致死低温在－10℃以下。在陕西省关中地区，冬季－10℃的气温持续20余天，大部分黄粉虫未被冻死，说明黄粉虫的耐寒性很强。自然界的温度变化一般比较温和缓慢，黄粉虫较易适应。如果人为因素使温度骤热骤冷，昼夜温差在20℃以上，就会破坏黄粉虫正常的新陈代谢，引起疾病，增加死亡率。作者对此有过经验教训：冬季白天室内有暖气加温，夜间停止供暖，白天温度最高28℃，而夜间最低仅－8℃，昼夜温差常在20℃以上，造成黄粉虫抵抗力逐渐下降，不出1个月会全部死亡。养殖过程中应对此给予重视。

（九）适应湿度变化能力

黄粉虫对湿度的适应范围较宽，最适空气相对湿度成虫、卵为55％～75％，幼虫、蛹为65％～75％。环境干燥湿度过低会影响生长和蜕皮。黄粉虫蜕皮时从背部裂开一道口子，这条线为蜕裂线。干燥会导致许多幼虫或蛹因蜕裂线打不开而无法蜕皮而最终死亡，或不能完全从老皮中蜕出而成残疾。湿度过高时,饲料与虫粪混在一起易发生霉变,使黄粉虫染病。所以保持一定的湿度,适时适量补充含水饲料(如菜叶、瓜果皮等)是十分重要的。在相同湿度环境下保持温度的稳定,对黄粉虫成长、交配、产卵及其寿命长短都是十分重要的。

这里要强调一点,前面讲的主要是养虫室内的空气湿度。而实际上养虫箱内的湿度更为重要,其过大是造成黄粉虫患病死亡的主要因素,大多由饲喂饲料和蔬菜等含水饲料不合理造成。

(十)饲料营养与生长繁殖的关系

普通养殖户养殖黄粉虫大多以麦麸、米糠或玉米做饲料。黄粉虫食性杂,只要是含有营养的物质,性状适合,便可作为饲料。经多年试验证明,养殖黄粉虫与其他养殖业一样需要复合饲料。在麦麸、玉米的基础上适量加入高蛋白质饲料,如豆粉、鱼粉及少量的复合维生素是十分必要的。特别是繁殖用的黄粉虫,一定要供给较全面的营养,以提高下一代的成活率和抗病能力。实践证明,单一的饲料喂养,会造成饲料浪费,使养殖成本提高。单用麸皮喂养的黄粉虫鲜虫,每增 1 千克虫重需消耗饲料 4～5 千克;而用复合饲料喂养的黄粉虫鲜虫,每增加 1 千克虫重仅消耗饲料 2.5～3 千克。所以,养殖黄粉虫不能单一注重饲料的价格,还应注重饲料的营养价值。作者经试验证明,在繁殖组饲料中加入 2%蜂王浆,可使雌虫排卵量成倍增加,最好的一组平均每只雌虫排卵量达 880 粒,而且生产的幼虫抗病力强,成活率高,生长快。

(十一)繁殖与虫种培育

市场上流通的黄粉虫种虫大多数是同一群虫种，多年以来已繁殖过数十代，大多数虫种已有退化现象，如个体小，生长期长，繁殖量低，而且易患病，死亡率高。有的幼虫养了近 1 年，个体还很小，不化蛹，也有的常出现残疾个体。因此，品种的选择是养殖户首先应注意的问题。优良的黄粉虫虫种生活能力强，不挑食，生长快，饲料利用率也高。

养殖户应选择较好的个体留作种用。选种的标准一般为个体大，色泽鲜亮，活动能力强。种虫应从幼虫期加强营养和管理，特别是在成虫期，饲料中可添加蜂王浆等刺激繁殖产卵的添加剂，勤喂蔬菜，适当增加复合维生素。保持最佳的环境温湿度，保持适宜的密度，经常清理虫粪。如此才能提高黄粉虫虫种的质量和增加产卵量。

黄粉虫育种过程比较复杂，作者曾对两种途径做了对比试验。一种是捕捉自然界中的黄粉虫与人工养殖的种群混合繁殖，以此减少种性退化现象。在自然环境下仓库里的黄粉虫往往生活力强，抗病力也强。另一种是以黄粉虫与黑粉虫杂交，产生的杂交一代杂种可产生正常的子 2 代。杂交品种生活力强，繁殖率高，但生长期较长。杂交育种是一项复杂的技术问题，需要筛选出具有遗传优势的个体，在长期养殖和培育过程中逐步稳定其特性，这些个体在一定的繁育期内性状必须相对稳定。

(十二)黑粉虫的特性

黑粉虫的生物学特性虽与黄粉虫相似，但由于其发生地域主要在我国黄河以南地区,分布不及黄粉虫广,繁殖量低,即使冬季在加温条件下饲养,也仅1年发生1代,生长周期长,饲料的利用率也较低,养殖成本相对黄粉虫高出很多,因此不建议将其做人工养殖生产的对象。

(十三)黄粉虫的计量方法与标准

为了帮助养殖户了解和识别虫种,掌握黄粉虫虫种以及产品虫的质量鉴别标准,中山大学李广宏、陈重光制定了黄粉虫种虫种质鉴别标准和商品虫质量鉴别标准。该标准为黄粉虫的产业化、规范化提供了理论基础。

1. 种虫质量鉴别 作为黄粉虫种源的幼虫除活性强、体表颜色鲜艳光亮、虫体饱满外,应达到以下标准。

第一,幼虫长度(以老熟幼虫为准)应在33毫米以上。

第二,幼虫重量(以老熟幼虫为准)应大于100克/550条。

第三,每代繁殖量(以繁殖幼虫个数为准)在250倍以上为一等虫种;每代繁殖量在150～250倍为二等虫种;每代繁殖量在80～150倍为三等虫种;每代繁殖量在80倍以下为不合格虫种。

第四,化蛹病残率小于5%,羽化病残率小于10%。

第五,在常规养殖中,每年繁殖3代情况下,2年内无明显退化现象。

2. 商品虫质量鉴别 黄粉虫可以用于生产饲料、食品、保健品和化妆品,其最终产品对原料加工工艺条件的要求不同,对原料的初加工也有不同的要求。目前市场上主要是以微波设备烘干的黄粉虫幼虫为主，主要应用于饲料；如用于保健品和化妆品，应以鲜活的黄粉虫幼虫为主要原料。为了有效保护其营养及活性物质，多采用低温真空干燥或超低温冻干技术。所以，作为商品的黄粉虫根据最终产品用途可分为微波虫干和商品活虫两类。

(1)*黄粉虫微波虫干(以老熟幼虫为准)* 目前饲用黄粉虫市场以微波烘干的老熟幼虫为主，其加工时间短，虫体膨酥，含水量小，保质期长，所以应用较为广泛。加工方法为：在微波中度火力条件下，将经过筛选、清理杂物后的鲜活老熟幼虫直接放入微波设备中，均匀加热 7～10 分钟(不得超过 10 分钟)。加工成的黄粉虫干含水量应＜6％。加工后的虫干以虫体长度为准：一等 33 毫米以上；二等 25～32 毫米；三等 20～24 毫米，并且虫体应膨酥清亮，纯黄、淡褐色，无黑、棕颜色。

作为饲料原料的黄粉虫干，除了用以上标准鉴别以外，其原料还应该符合国家关于高蛋白质饲料添加剂的质量标准。

(2)*黄粉虫商品活虫(以老熟幼虫为准)* 作为商品的活虫首先应是活性强、爬行迅速、体表色泽鲜艳光亮、虫体饱满。

一等商品虫应在 33 毫米以上；二等 25～32 毫米；三等 20～24 毫米，并且虫体清亮，纯黄，略带浅褐色，无黑、棕颜色。

作为保健品和化妆品用黄粉虫的原料除感官鉴别

外,还应符合保健品、化妆品原料的理化卫生指标。

黄粉虫作为生产原料,除了以上直观的长度、单位重量、成色和活性等鉴别方法外,还有营养成分含量的要求。不同季节和龄期的黄粉虫幼虫,其脂肪含量和蛋白质含量区别较大。以干虫为例:在黄河以北地区,7月份的黄粉虫幼虫正在生长旺季,活性强,其脂肪含量通常在30%～36%之间,蛋白质含量常在50%以上;在12月份进入越冬状态的黄粉虫幼虫脂肪含量常在40%以上,而蛋白质含量却在46%以下。所以,最终产品是以脂肪还是蛋白质利用为主,决定其质量的指标。

以上鉴别商品黄粉虫的方法仅为黄粉虫市场流通过程的直观参考标准,在具体应用过程中还会制定理化卫生、蛋白质含量和脂肪含量等指标等,在应用过程中将会逐渐补充和完善。

第三章　黄粉虫的人工养殖

一、饲养方法

养殖黄粉虫的设备可以是多种多样的，一般少量室内养殖可以采用盆养或箱养。工厂化养殖主要用养虫箱和箱架等设备。为了节省投资成本，也可以搭建半地下的温棚饲养，既节省基建费用，也可达到冬暖夏凉的效果，降低养殖成本。养殖户应根据市场的需求、自身的情况和当地各方面的条件来选择养殖规模和方法。

（一）盆养技术

家庭盆养黄粉虫，适合月产量100千克以下的养殖规模，一般不需专职人员喂养，利用业余时间即可。饲养设备简单、经济，如旧脸盆、塑料盆、铁盒、木箱等，只要容器完好，无破漏，内壁光滑，使虫不能爬出即可。若箱、盆内壁不光滑，可贴一圈胶带纸，围成一个光滑带，防虫外逃。另外，需要40目、60目筛子各1个。

取得虫种后，要先经过精心筛选，选择个体大、整齐、生活力强、色泽鲜亮的个体，专盆喂养。幼虫投放量一般为4.5千克/米^2，普通脸盆大小容器可养幼虫0.3～0.6千克，幼虫厚度一般不要超过1厘米。冬季密度可以大一些，让虫体间活动摩擦生热；夏季密度应该小一些，以利于散热。在盆中放入饲料,如麦麸、玉米粉等,同时放入幼虫虫种,饲料为虫重的10%～20%。3～5天后,待幼虫将饲料吃完后(观察虫粪中已经没有饲料的颗粒,基本全部成为均匀的虫粪颗粒),将虫粪用40目或60目筛子(用尼龙纱网制成的筛子,筛子的边框内壁也要求光滑或用胶带纸粘一圈防护层)筛出,继续投喂饲料。适当加喂一些蔬菜及瓜果皮类等含水饲料,会很明显增加幼虫的活性。注意含水饲料不可一次喂得过多,否则会造成湿度过高,幼虫易患病,死亡率高。

幼虫化蛹时应及时将蛹挑出分别存放,防止幼虫伤害蛹。蛹不摄食,也不活动,但对环境温湿度要求较高。因此,要保证适宜的温湿度。待8～15天后蛹羽化变为成虫后,就要为其提供产卵环境。即把羽化的成虫放入产卵的盆(或箱)中。先在盆或箱底部铺一张纸(可用报纸),然后在纸上铺一层约1厘米厚的精细饲料,将羽化后的成虫放在饲料上,在25℃时,成虫羽化约6天后开始交配产卵。

黄粉虫为群居性昆虫,交配产卵必须有一定的种群密度,即有一定数量的群体,交配产卵才能正常进行。一般以每平方米虫箱1000～1600头成虫为宜。成虫产卵期应投喂较好的精饲料,除用混合饲料加复合维生素外,另加适量含水饲料,如菜叶、瓜果皮等,不仅可给成虫补充水分,还可保持适宜的环境湿度。湿度过高会造成饲料和卵块发霉变质;湿度过低又会造成雌虫排卵困难,影响产卵量。所以用此法饲养黄粉虫应严格控制盆内湿度，在饲养过程中不断摸索，掌握调控湿度的技术。

成虫产卵时将产卵器伸至饲料下面，将卵产于纸上面。由于雌虫产卵时会同时分泌许多黏液，将卵黏附在纸上，这张纸称为“卵纸”。黄粉虫的卵非常容易破碎，在移动卵纸时要特别小心，轻拿轻放。待3～5天后卵纸粘满虫卵，应及时更换新卵纸，若不及时取出卵纸，成虫往往会取食虫卵。取出的卵纸集中起来，将相同日期产的卵放在一个盆中，待其孵化。气温在23℃～33℃时6～9天即可孵化。刚孵化的幼虫十分细软，尽量不要用手触动，以免使其受到伤害。

将初孵化的幼虫集中放在一起，幼虫密度大，成活率会高一些。15～20天后，盆中饲料基本吃完，即可第一次筛除虫粪。筛虫粪用60目网筛。以后每3～5天筛除1次虫粪，同时投喂1次饲料，饲料投入量以3～5天能被虫食尽为宜。

投喂菜叶或瓜果皮等的时间很重要，应在筛除虫粪的前1天，投入量以1个夜间能被虫子食尽为度。先将虫粪筛出，再喂菜叶，投喂菜叶的量应该控制在一天内能吃完为准。当黄粉虫把菜叶吃完后，筛除虫粪，再投喂饲料的效果会更好。投喂菜叶后，盆内湿度加大，饲料及卵易发生霉变，特别是在夏季，常导致黄粉虫患病死亡。因此第二天应尽快将未食尽的菜叶、瓜皮挑出。只要喂养中管理周到，饲料充足，每千克虫种可以繁殖50～100千克鲜虫。这种方法仅适于家庭小规模喂养，简单易行，但成本较高。

(二)箱养技术

箱养是常用的养殖方法,适合中大型规模养殖。该法黄粉虫的繁殖量与产量都相当大。

1. 常用设备 主要有养虫箱、集卵箱和筛子等。

(1)养虫箱

①木质养虫箱 以木质板材制作的养虫箱比较理想,板材可以是实木板、密度板、胶合板或者其他板材,最好是实木板材。养虫箱最好是以卯榫制作,四边用0.6～1.5厘米厚的木板,底用三合板或纤维板(图3-1,尺寸仅供参考)。箱侧板内侧用砂纸打磨光滑,以3厘米宽胶带纸贴一周、压平,以防虫外逃。木制箱子的缺点是箱体重量大,操作周转时劳动强度较大。

②塑料养虫箱 较大规模养殖时,可以定做相当尺寸的塑料箱。该箱的优点是重量轻,好操作,缺点是箱子底部容易积水。

(2)筛网 当黄粉虫将饲料吃完时,要及时将虫粪筛除。根据不同龄期虫体的大小,需使用不同规格的筛子,筛网分别为100目、60目、40目和普通铁窗纱。筛子用于筛除不同龄期的虫粪和分离虫子。筛子侧板内侧面也应贴一圈胶带纸,以防虫外逃。

(3)集卵箱 由1个养虫箱和1个卵筛组成(图3-2)。卵筛外径尺寸比养虫箱稍小,方便放入和取出即可。卵筛内侧均应有光滑带,底部钉铁窗纱。为了防止成虫产卵后取食卵而造成损失,可将繁殖用成虫集中放在卵筛中,在养虫箱底部铺一张报纸,报纸上铺一层约5毫米

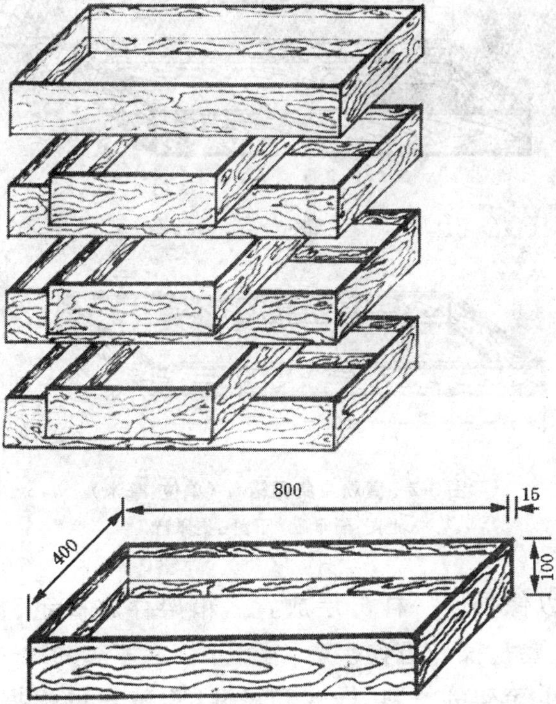

图 3-1　黄粉虫养殖箱　（单位：毫米）

厚的集卵饲料，再将卵筛放入养虫箱内。在卵筛中雌虫可将产卵器伸至卵筛纱网下，将卵产在网筛下的饲料中，这样卵就不会受到成虫的伤害，既可以减少成虫的饲料、虫粪等对卵的污染，也方便收取卵箱或卵纸。

(4)养虫箱架　养虫箱叠放较方便，但是如果摆放不当容易翻倒。养殖规模较大时，可选择养虫箱架。箱架可以是木制的、也可以是铁制的，如同普通货架一样。养

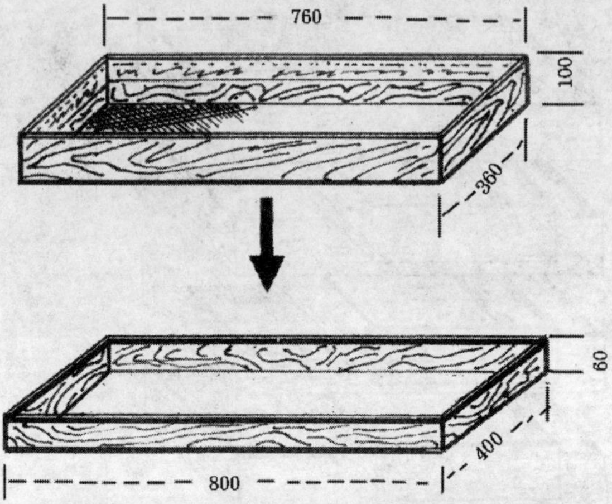

图 3-2 黄粉虫集卵箱 （单位:毫米）

上图:隔卵筛 下图 :集卵箱

虫箱可以像抽屉一样分层放置。箱架存放稳定、整齐、美观,最主要是操作方便。

养虫箱架的材料、样式和尺寸,养殖户可根据具体情况选择。建议:繁殖用虫的存放最好用箱架,以便于用帘布或报纸等遮挡光线。

2. 木条支撑叠放法 在冬季采用重叠放置养虫箱可以起到一定的保温作用,但在夏季不利于通风。也可以采用上下2个养虫箱之间放2根木条支撑的方法增加相互的空间,起到通风散热的作用。木条应为方形,不易滚动,装修房屋用的5厘米×5厘米规格的龙骨即可。

3. 分离虫粪与选筛 幼虫孵化后很快就开始取食,待集卵箱的饲料基本食完时(10～20天)应尽快将虫粪筛除。筛除虫粪后应即投放新的饲料。每次投放的饲料量约为虫总重量的 10%，也可视黄粉虫的生长情况适时调整饲料投放量，饲料投放量以 3～5 天食完为宜。一般 3～5天筛 1 次虫粪，投放 1 次饲料。

筛除虫粪时应注意筛网的型号要适于虫体的大小，以免幼虫随虫粪漏出。3 龄前的幼虫用 100 目筛网，3～8 龄宜用 60 目筛网，10 龄以上宜用 40 目筛网，老熟幼虫用普通铁窗纱即可。筛虫粪时应观察饲料是否吃完，混在虫粪中的饲料全部被虫子食尽时再筛除虫粪。

（三）养殖场地与设施

黄粉虫对饲养场地要求不高。室内养殖要能防鼠、防鸟、防壁虎等，并防止阳光直射，保持黑暗，通风好。夏季温度要能控制在 32℃以下；冬季如要继续繁殖生产时，温度需升高到 22℃以上。黄粉虫耐寒性较强，越冬虫态一般为幼虫，在－10℃不会冻死。因此冬季若不需要生产，可让黄粉虫进入越冬虫态，不需要加温；如果冬季要持续生产，则在 9 月下旬左右就应该加温养殖。

养殖场的保温对持续性生产很重要。如果加温适当，每年可延长黄粉虫繁殖 2 代，即每年可以繁殖 4 代。

目前比较理想的保温方法为塑料膜大棚半地下养殖车间加暖气管道，其在冬季可以比普通房间温度高 5℃～10℃；夏季也有很好的降温效果。因此在规模化养殖建厂房时，半地下塑料膜大棚养殖场是比较理想的选择。

(四)养殖场有害源的防范

黄粉虫对有机溶剂、挥发性气体、防腐剂等有害物质十分敏感。养殖户往往因为忽略了这一点,而给自己带来不必要的损失。这些物质主要来源于养虫箱材料、室内涂料和饲料。

1. 木材有害源　养虫箱材料最好用较为陈旧的实木材。因为往往新的木材会有一些挥发性物质,如樟木、檀木、松木等。大多数木材挥发物本身就是天然的防虫防腐材料,对黄粉虫有害,所以选择材料也很重要。

密度板、纤维板、木工板、胶合板以及其他人工加工的板材均含有不同量的有机溶剂,不宜采用。最好选用旧的板材,或是经过充分挥发的板材制作养虫箱。

2. 涂料有害源　室内粉刷所用的油漆等涂料大多含有挥发性有害气体。黄粉虫比人更为敏感,更容易受害。因此室内在使用过含有有机溶剂(有刺激性气味)的涂料后不要立即用于黄粉虫养殖,待气味基本挥发完后再使用。每天还应该及时通风更换新鲜空气。

3. 饲料有害源　经过多年饲养体验,饲料里的有害物质对黄粉虫往往是致命的,有时甚至对生产造成毁灭性的打击。

粮食在粮库储存过程中,主要应用熏蒸杀毒剂来防虫。近年来小麦仓库所用的杀虫剂主要有氯化苦、磷化铝、磷化锌等杀虫剂。这些杀虫剂的残留主要富集在麦粒的表面,麦麸中所含的农药残留最多。如果直接用其喂虫,就会导致黄粉虫中毒的严重后果。因此在购买饲料时，应询问一下粮仓中最后一次用药的时间及药效维持时间。如果无法得知确切信息，则购回的麦麸不要马上用来喂虫，最好先放置2～4周，待可能残留农药的药效完全消失后再使用。

4. 菜叶残留农药　菜农为了防治蔬菜害虫，会经常使用农药。养虫户如果不慎用带有农药的蔬菜喂黄粉虫，则会造成大批死亡。这个问题很多养殖户都遇到过，所以在选购菜叶时一定要特别小心。

（五）室内养殖

室内养殖是指在普通房间内放置养虫箱养殖黄粉虫。要求房间避免光照，方便冬季加温，夏季室温不能超过33℃，能防鼠害、鸟害，室内空气相对湿度不能超过85％，不漏雨。一般的平房、楼房和瓦房都可以作为养殖用房。如前所述，室内不能有挥发性的有害气体，如油漆、汽油、农药及挥发性有机溶剂等。

家庭小规模养殖一般在室内有适当面积即可，小面积加温方法主要设置为土暖气或带烟筒的煤炉。对于大规模工厂化养殖，为了便于系统管理和规划，养殖场布局应该统一规范。

（六）大棚养殖

塑料大棚在现代设施农业中应用十分广泛。作者经过多年的试验和考察，在此介绍一种半地下塑料棚养殖黄粉虫技术。

半地下塑料棚养殖有很多优点：一是建设投资小；

二是半地下部分夏季保温效果好,控制温度成本低;三是冬季可有效利用太阳能升温。

半地下塑料棚养殖示意图见图3-3,仅供参考。养殖户可以根据自己的实际情况重新设计和建设。

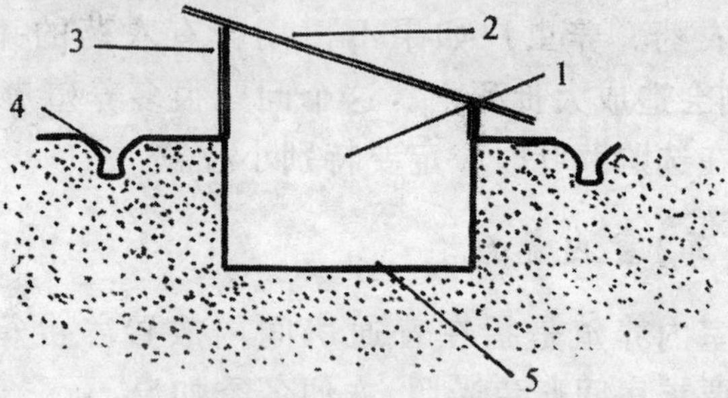

图3-3 半地下塑料棚示意图

1. 大棚内部 2. 塑料膜顶 3. 地面高墙 4. 排水沟 5. 棚内地面

在塑料棚的建设中应注意几个关键问题:①场地的选择应避开低洼易积水地面;②场地空旷,气流通畅;③地面部分的墙面每隔6～8米,安装1个约50瓦的排风扇;④室外应建设有效的排雨水设施;⑤地平面墙围基础至少应有30厘米高的砖墙部分,以防鼠害;⑥夏季温度过高时,可以通过在棚顶部铺设草帘,或用凉水冲淋塑料膜顶棚达到降温目的。

(七)规模化养殖

规模化生产的概念应该是年产黄粉虫20吨以上。多年的实践经验证明,大规模养殖便于实施规范化管理,可大幅度降低养殖成本。

养殖场内应按职能严格分区，设有育种区、繁殖区、生产区、饲料加工区、饲料库房、虫粪周转区、成品加工区和成品库房等。各养殖分区之间的设备在周转时，一定要注意清理和消毒，防止病害的循环污染。

1. 育种区　主要功能是选育新的虫种，预防虫病和螨虫及其他粮食害虫直接进入繁殖区和生产区，所以育种区和其他养殖区应该有可关闭的门墙之隔。引进的虫种首先放在育种区观察10～20天，确认没有病虫、残疾虫、寄生虫，生长正常，方可进入繁殖区。

2. 繁殖区　主要功能是将育种区输送过来的种虫经过筛选和清理，进入化蛹期、羽化期和繁殖期，开始生产繁殖。主要设备是成虫繁殖箱及产卵网箱。由于成虫交配怕光，怕惊扰，因此要与育种区和生产区有所区别。

3. 生产区　为面积最大的养殖区，也是主要的养殖生产区。主要功能是将从繁殖区转来的卵箱和卵纸集中分类，进入孵化期，养殖幼虫直到成品虫。生产区的排布是从卵到成品虫流水线排布，以方便生产操作，亦便于计划生产。更重要的是可使虫体增长速度一致整齐，并可节约大量的劳动力。

4. 饲料加工区　配有饲料加工机械，包括粉碎机、饲料颗粒机等。为防止加工时噪声震动和粉尘污染惊扰和影响繁殖区成虫的正常活动，饲料加工区应与育种区和繁殖区相隔一定距离，与饲料库房相连比较合适。

5. 饲料库房　不能设在半地下，应该密闭好、干燥，并方便防治老鼠、壁虎、螨虫及其他仓库害虫。饲料不宜存放过久,一般存放时间为夏季不超过 45 天,冬季不超过 80 天。存放新饲料以前,必须事先清理仓库,做到清洁卫生、无病虫污染。饲料应该及时更新,提高周转频率,以达到防治病虫害的目的。

6. 虫粪周转区 虫粪有较好的利用价值,但由于其中含有大量的杂菌和酶类,如果未经适当处理,有可能污染饲料和养殖场。因而暂存虫粪的地方应该远离养殖场,并应该及时处理,防止造成环境污染。

7. 成品虫加工区 黄粉虫的成品加工是将生产区的成品虫进行初加工,达到最终产品所需的原料要求。成品加工包含清洗、除杂、烘干加工(微波烘干、低温真空干燥、超低温冻干)等程序。车间应该符合食品卫生要求,例如:墙面应该有不低于 1.5 米白色瓷砖、地面铺设地砖,有方便合理的地漏便于冲洗,原料在加工过程中应该是一条流水线,不能有交叉污染等。

由于此区安装有功率较大的用电设备,一定要注意电路、电源负荷的安全问题。

8. 成品库房 指干品原料和冷冻原料的储存库房。干品原料应该冷藏在 4℃ 以下,鲜品冷冻储存应该在－15℃以下。企业应根据需要购置相应的设备。这里需特别强调的是,干品虫的储存在 4℃以下时,保存期在 6 个月以上,在常温下不能过夏;鲜品冷冻于－15℃以下保质期可在 1 年以上。

(八)饲养管理

1. 幼虫期管理 幼虫在孵化后大约 20 天以内处于娇弱幼嫩状态,仅在其孵化区的很小范围内活动,这时千万不能对其触碰及移动,否则很容易受伤。在此期间虽然不需要具体的管理,但是温湿度的观察和控制是很重要的。初龄幼虫虽抗病力较强,但对饲料的湿度十分敏感,有时一滴水就可以淹死十余只幼虫。随时观察幼虫卵箱中的湿度,稍有湿度大、霉变迹象就要及时通风排湿。

幼虫孵化大约 20 天后活动范围逐渐扩大,卵期的饲料也逐渐食尽,箱内已可见十分均匀细小的虫粪。可取箱内少量虫试用 60 目筛过筛,如果其不会被筛除,说明虫体生长已经够大,此时则可以用 60 目的筛子筛除虫粪,然后投喂新饲料。

幼虫长到 1 厘米长时,要调整适当的虫口密度。

一般在生长旺季,幼虫取食量大、粪便也多,应该及时筛除虫粪。一般可以室温条件来确定筛粪周期。温度在 25℃～33℃时,每天筛除 1 次虫粪;温度在 20℃～25℃时,可以每 5 天筛除 1 次虫粪。因为高温时虫粪容易霉变,污染环境,易使幼虫得病。

根据幼虫的不同生长期及其对饲料的要求,将幼虫期分为 4 个生长阶段,分别为初孵化幼虫、小幼虫期、幼虫中期和幼虫后期。在不同的幼虫阶段,应用的选筛不同,投入的饲料也应不同。

(1)初孵化幼虫和小幼虫期 从幼虫孵化到第一次

筛除虫粪期间,初龄幼虫食用的饲料主要是从繁殖区随卵块一同带来的集卵饲料。第一次筛除虫粪后,也需投入第一次的幼虫饲料。由于虫体还很幼嫩,饲料也需相对适应。幼虫饲料应与集卵饲料相衔接,即二者成分不能相差太大。饲料的颗粒度在1毫米以下较为合适,用20目选筛过筛饲料。第一次筛除虫粪用60目选筛。饲料含水量不能超过13%。

(2)幼虫中期　即孵化后30～65天,幼虫进入青年生长旺期。在这个阶段幼虫十分活跃,取食量也很大。饲料颗粒度不必过于讲究,但应及时筛除虫粪,防止循环污染。此期饲料的营养很重要,饲料配方中应增加玉米和鱼粉。

(3)幼虫后期　即幼虫开始进入化蛹前期,也就是老熟幼虫期。在此期间,幼虫很少取食,不善活动。此时要减少或停喂饲料,特别是不能喂含水饲料。

由于每个养虫箱中的黄粉虫个体羽化时间很不整齐,有时从第一只虫化蛹开始,到最后一只虫化蛹结束,可能相隔30天以上。若蛹和幼虫同时存在一个养虫箱内,处在生长期的活跃幼虫将会取食已经化蛹的同类,带来很大损失。所以,幼虫的整齐化是养殖的关键。工厂化养殖必须做到化蛹期相对整齐化,继而后面的羽化期和产卵高峰期也相对整齐化,以减少挑蛹的工作量,达到降低成本的目的。

2. 蛹期管理　幼虫后期化蛹分离出的蛹,最好是当天化的蛹集中存放,待其羽化。蛹的存放一般是在养虫箱内用报纸下铺上盖，即下面铺一层报纸，上面盖一层报纸。上面的报纸可以裁成约1厘米宽10～15厘米长的条状，羽化的成虫可伏在报纸上，方便收取。

蛹期应保持一定的温湿度，室温最好在23℃～30℃，空气相对湿度保持在75%～90%之间。注意观察，及时挑除病蛹残蛹。

3. 成虫期与繁殖管理　成虫在交配期间十分敏感，怕光、怕震动、怕触及、怕干燥。所以应将繁殖期的成虫放在相对黑暗潮湿的房间。摆放产卵箱时，要轻拿轻放，不能随意开灯、开门窗。突然进入的光线和震动会严重影响成虫的交配，影响产卵质量。受到强光和震动的雌虫可很长时间不能恢复其活性。

成虫的虫口密度一般为1000～1600只/米^2。成虫期要尽可能让黄粉虫整齐化产卵，即产卵高峰期整齐。在规模化养殖中，可将当天羽化的成虫集中箱养，不能混放。隔卵网下的集卵饲料厚度在5毫米左右，网体应该全面与集卵饲料紧贴。雌虫的产卵器伸至网下饲料中2～5毫米，正好产在集卵饲料底部，可以有效地保护卵期的安全。

成虫的饲料要求较高，除了专用饲料配方外，含水饲料的补充也直接影响着产卵量。由于成虫的口器不如幼虫的口器坚硬有力，成虫饲料最好用膨化饲料或较为疏松的复合饲料。

给成虫投喂饲料的方法与幼虫不同，一般1000只成虫每次喂10克，在成虫将饲料基本取食完后再进行下一次投喂。饲料质量差时,成虫会取食浮在隔网表面的集卵饲料。饲料应散放在产卵网中,不能成堆集中投放,否则雌虫会将卵产在饲料中,很快就会被成虫吃掉。投喂含水饲料时,应该做到少喂、勤喂。室温在 25℃以上时每 2 天喂 1 次含水饲料,低于 25℃时可 3～5 天喂 1 次。投喂含水饲料的时间最好在收取卵前 6～10 小时,喂过含水饲料后再收取虫卵。每次投喂含水饲料后 6 小时应及时将没有吃完的含水饲料拣出,防止污染卵块。

4. 卵的采收与护理 小量养殖应根据成虫的密度和产卵量确定收集卵的时间,一般 3～5 天取卵 1 次。规模化养殖可以在成虫产卵高峰期每天取卵 1 次。取卵时必须轻拿轻放,不能直接触动卵块饲料。当天收取的卵箱可以集中存放。在卵箱的上面覆盖一张报纸,温度低时将卵箱叠放,可起到保温作用,也可防止水分蒸发过快。

放置卵箱的房间温度要保持在 25℃～30℃之间,以保证卵的孵化率。初孵化的幼虫用放大镜可以清楚地观察到,成堆的幼虫比较活跃,生长较快。所以同一批虫尽量放在一个箱子内。约 20 天以后,待可以用 60 目网筛筛除虫粪时,则将进入幼虫养殖阶段。

5. 蛹的分离方法 蛹与幼虫的分离是生产中的一项难题。由于幼虫化蛹时间不整齐,先化的蛹往往会被幼虫吃掉或者咬伤,造成大量的蛹残疾和死亡。为了减少蛹的残疾和死亡,养殖户多使用大量的人工来挑拣黄粉虫的蛹,加大了养殖成本。为了减少挑蛹的工作量,解决整齐化蛹问题,根据多年实践经验,提出以下注意事项,仅供参考。

(1)选择优良虫种　好的虫种产卵量大,产卵高峰集中,子代生长速度也均匀一致。

(2)及时取卵　尽量每天取卵1次。同一批成虫当天产的卵,集中存放孵化。

(3)使用膨化饲料　如果用复合饲料,最好用饲料颗粒膨化机加工成颗粒饲料。因为在多种饲料成分松散饲喂的情况下,不可能保证每只虫都按饲料配方比例去取食,这样就会造成营养的不均衡,直接表现为生长不均匀。而加工成颗粒饲料,可以使虫均匀摄入营养,达到同步生长。

(4)均匀饲喂菜叶　饲喂含水饲料不均匀最容易造成幼虫生长的不整齐。以大块菜叶饲喂时,仅有少数虫集中在菜叶周围食用,大部分虫未能吃到菜叶。吃了菜叶的虫必然生长更快,造成同箱虫生长的不均匀。所以,饲喂菜叶时尽可能将菜叶切得细一些,并在养虫箱内均匀撒放,尽可能让每只虫吃到一样多的菜叶。

(5)分离箱角集中群,收取箱中混乱群体　在幼虫长到2厘米长时,常具有在养虫箱四角集中的习性。往往在箱角集中的虫个体大、生长均匀,也是最活跃的群体。将箱角集中群及时分离,逐次积累,有利于集中化蛹。

当大部分活跃虫集中到了箱角后,自然箱子的中部就会剩下较小、晚熟、有病、正在蜕皮或正在化蛹的虫。由于这些虫不活跃,易被排挤并集中到箱子中部,与饲料和杂物混在一起。及时将其移出,有利于整齐生长。

(6)人工挑蛹　应用了以上的方法，可以提高整齐化蛹率。但是不可避免还会出现少数幼虫和蛹混杂现象，需要个别挑选。一般用手直接挑选，这样很容易伤害到虫蛹。这里建议养殖户改用工具，如人们通常吃蛋糕和冰激凌用的塑料叉子和勺子，效果较好，既不伤害蛹，又能提高挑蛹的速度。

6. 成虫与蛹分离法　蛹的羽化也不完全整齐，如果不尽快将刚羽化的成虫与剩余的蛹分离，成虫会以蛹为饲料，而且成虫也需要转移到繁殖箱中交配产卵。在放置蛹的箱子中放置约1厘米、10～15厘米宽的报纸条，覆盖在蛹的上面。成虫羽化后，陆续爬到报纸的上面。移动成虫时只需提起纸条，就可带起成虫，将纸条移至养虫箱上面抖动，成虫即可落入。再将纸条放回卵箱，覆盖在蛹的上面。也可用布条代替报纸。

7. 冬季加温方法　冬季加温是北方地区养殖黄粉虫不可缺少的工作。加温的时间要因当年当地的气温而定，一般在入秋后白天室外最高温度在20℃以下、养虫室温度在23℃以下时，应该考虑加温。

加温方法比较多，如烟筒煤炉子、土暖气和小锅炉暖气等方法。在采用暖气采暖时特别要注意两点：一是在加温启动后，黄粉虫进入生长活跃期，这时的温度应该模拟夏、秋季节的自然温度。白天升温至23℃～25℃，夜间可以适当降温至15℃～22℃。二是一旦启动了加温设备，黄粉虫就不会进入越冬虫态。此时千万不能停止供暖，一旦昼夜温差持续超过20℃，就会使虫受到伤害，造成损失。

(九)病虫害防治

近几年来,由于黄粉虫市场的逐渐扩大,养殖户及生产量迅速增长,虫种质量的退化也十分明显,黄粉虫的活性和抗病能力显著退化,病虫害的发生也越来越严重,给很多养殖户造成了损失。因此,更换优质虫种、加强虫病的预防是刻不容缓的工作。

1. 常见病虫害

(1)黑腐病　大多发生于夏、秋季节。初发病幼虫行动迟缓,不取食,粪便稀不成形,虫体逐渐变成灰黑色,最后变得全身黑软,直至死亡。死虫虫体十分稀软,触之即破,流出黑色液体。该病传染很快,可使整个养殖场同时发病。

(2)干枯病　病虫先从头、尾部开始干枯、萎缩,最后全身枯干死亡。该病并非由空气干燥引起,多为饲料和螨虫带入病菌,并由于捕食性螨虫侵袭所造成。受到侵袭的幼虫会染病,同时也会传染给其他虫。

(3)捕食性螨虫　其种类较多,为刺吸式口器,以口针刺入黄粉虫体壁节间膜吸食体液,并产寄生卵在虫体内。凡是被螨虫侵袭过的黄粉虫,轻者残疾,重者死亡。有的螨虫种类在空气干燥时会暴发。养殖场的螨虫主要由饲料和设备带入,因此应重视对饲料的处理。

2. 防治方法　对于病虫害应该以预防为主。在养殖初期就应建立严格的预防方案,并严格执行。

(1)养殖场所和养虫设备的消毒　在养殖场门口设

置石灰池和垫子,外来人员鞋底必须消毒。在引进虫种前,对养殖场进行消毒和杀螨虫。消毒方法有:用紫外线对养殖场内及设备直接照射20～30分钟;或用0.5%苯酚喷洒室内后关闭门窗1～2小时,然后通风换气,待空气挥发6小时以后方可以将黄粉虫移入。

(2)养虫箱的消毒　对养虫箱的消毒要十分慎重,既要消毒杀螨虫,又不能对黄粉虫造成伤害。经过多次反复试验,三氯杀螨醇等杀螨的农药都对黄粉虫有害,高锰酸钾或金霉素等杀菌药品也会给黄粉虫带来一定的危害。较为经济有效的方法是,用75%酒精浸湿的毛巾擦拭养虫箱及其他设备,之后晾干设备上的酒精,即可使用。

(3)饲料的消毒　切忌用杀螨农药喷洒饲料,这同样也会杀死黄粉虫。安全有效的方法是:①将饲料在太阳光下暴晒1～2小时,即可杀死螨虫和部分病菌。②用开水烫拌饲料然后晒干。③用微波设备烘饲料,80℃2分钟即可完成消毒杀螨。

(4)合理投放含水饲料　添喂含水饲料可以促进黄粉虫生长,提高饲料的利用率。但是含水饲料饲喂不当,往往也会给黄粉虫带来疾病和死亡。所以养殖户必须记住饲喂含水饲料的原则:室温超过33℃时不喂含水饲料。饲喂含水饲料的量,应该以黄粉虫在6小时内食尽为度;如果黄粉虫当天不能吃完,一定要及时将剩余饲料挑出,不能隔夜。阴雨天及进入化蛹期后不喂含水饲料。

(5)正确加湿　要提高室内湿度时,只能在地面和墙面洒水。绝对不能直接往养虫箱内喷水。

(6)病虫的处理　新引进的虫种应隔离观察养殖 15 天以上，看是否带有传染性的病变。如果病虫发生量小，可及时将病虫挑出。如果病虫发生量很大时，就不要费力治病。最好的办法是尽快处理掉病虫，然后进行设备和场地消毒，重新引进健康虫种。病虫的处理要 1 次到位，将挑出的病虫集中处理，选择距离养殖场较远的地方深埋或焚烧，绝不能把病死虫用做肥料。

黄粉虫的天敌还有老鼠、壁虎、蚂蚁和鸟类，也会对黄粉虫造成一定的危害，应采取措施预防。在养殖场建设时，就应考虑到这些问题。

为使养殖户更好地了解和掌握黄粉虫病害的防治规律，作者将 2002～2005 年养殖户来电、来信咨询病虫害防治的信息加以总结(表 3-1)，供参考。

表 3-1　2002～2005 年养殖户黄粉虫病害咨询统计表

发生地区	发病户数	死虫比例％	读者口述原因	总结病因
山东省	146	＞20	菜叶、天热喷水	湿度大
河南省	85	＞25	原因不明	湿度大
河北省	25	＞20	饲料湿度大	湿度大
陕西省	63	＞35	种质差，湿度大	湿度大

以上统计以黑腐病为主，仅为死虫率达 20％以上养殖户的记录，发病大多集中在一个村子的数十家养殖户。大多养殖户不明病因，但是经过询问，确定主要病因均为气温高、湿度大，特别在夏季发病率高。在夏季直接对养虫箱内喷水给黄粉虫降温的方法是极端错误的。其可导

致粪便和饲料的霉变,使黄粉虫染病死亡。这里再次强调,养虫场内喷水降温,仅限于喷在地面和墙面,绝对不能喷到养虫箱内。此外,菜叶等含水饲料饲喂过多,致使养虫箱内湿度太大造成黄粉虫病死,也是大多数养殖户的常见错误。一定要正确饲喂菜叶,阴雨天绝不能给黄粉虫喂菜叶和含水饲料。

因为黄粉虫患病不是马上就能观察到的,等到表现明显症状时再采取治疗措施,就没有太大意义了,因此一定要重视平常的预防工作。

二、饲料配制

黄粉虫的正常生长需要营养全面的饲料,单一饲喂麦麸也会造成饲料的浪费。不同虫龄、虫态、季节及养殖目的应该考虑使用不同的饲料配方。

(一)饲料配方

1 号饲料配方:麦麸 70%,玉米粉 25%,大豆 4.5%,饲用复合维生素 0.2%。将以上各成分拌匀,经饲料颗粒机膨化成颗粒,或用饲料重量 10%～16%的开水拌匀成团,压成小饼状,晾晒后使用。主要用于生产组的黄粉虫幼虫。

2 号饲料配方:麦麸 75%,鱼粉 3%,玉米粉 20%,白糖 1%,饲用复合维生素 0.8%,饲用混合盐 1.2%。加工方法同 1 号饲料配方,颗粒度稍大于 1 号配方。主要用于饲喂产卵期的成虫,可提高产卵量,延长成虫寿命。

3 号饲料配方：纯麦粉(质量较差的麦子及芽麦等磨成的粉，不过筛含麸)95％，食糖 2％，蜂王浆 0.2％，饲用复合维生素 0.4％，饲用混合盐 2.4％。加工方法同 1 号饲料配方，颗粒度应大一些。主要用于饲喂繁殖育种成虫。

4 号饲料配方：麦麸 40％，玉米麸 40％，豆饼 18％，饲用复合维生素 0.5％，饲用混合盐 1.5％。加工方法同 1 号饲料配方。用于饲喂成虫和幼虫。

上述饲料配方仅供参考，养殖户可根据当地的饲料资源，适当调整饲料的组合比例。

实际生产中单用麦麸喂养为大多数养殖户采用。缺点是饲料营养单一，缺少淀粉和热能，利用率较低。在冬季添加适量的玉米粉，可提高黄粉虫耐寒能力。

(二)幼虫和成虫饲料

初孵化幼虫、小幼虫、大幼虫和成虫等不同的生长阶段所需的营养有所不同，饲料配方也要有针对性地调整。由于不同虫态黄粉虫的口器和消化能力的不同，饲料结构和颗粒度也要符合相应的要求。例如，小幼虫和成虫的口器不如青年期的幼虫坚硬，消化系统也相对较弱，其饲料口感应以疏松、膨酥为主；集卵饲料由于是初孵化的幼虫食用，则更应细腻且适度糖化较为合适。

(三)不同季节饲料

春、夏季为黄粉虫的生长旺季，饲料配方中应增加一些高蛋白成分，如大豆粉、豆粕或鱼粉的比例应该高一些。进入秋、冬季节,黄粉虫需要抵御低温保持活性,饲料中多添加一些能补充热能的成分,如玉米粉、豌豆粉、小麦全粉等。

(四)其他饲料

1. 发酵秸秆饲料 规模化饲养黄粉虫时,可使用发酵饲料。即利用麦秸、玉米秸、木屑、豌豆秧、花生秧、红薯秧、油菜秸、高粱秸等,经发酵后制成粉状饲喂黄粉虫。秸秆发酵饲料不仅生产成本低,而且营养丰富,但其只能作为黄粉虫常规饲料的一种补充,目前研究结果显示还不能完全替代常规饲料。

2. 含水饲料 饲喂适量的含水饲料如菜叶、瓜果等,对黄粉虫的生长十分有利。

饲喂含水饲料的原则是:饲喂不可过勤、含水不可过高、饲料不可过夜、箱内不可过湿,也就是说饲喂含水饲料时间间隔不能太短,约3天饲喂1次;菜叶或瓜果含水量不能过高,一般可以参照甘蓝的含水量。菜叶切好以后,用力握在手心,以手指间不出水为度。如果含水量过高,适当晾晒半干后再用。

(五)饲料加工

黄粉虫饲料的加工不同于鸡、猪、牛等家畜家禽的饲料加工。因黄粉虫生活在养虫箱里,虫粪常与饲料混合在一起。因此,饲料的卫生是十分重要的。饲料含水量一般不能超过10%,如过高,与虫粪混合在一起易发霉变质。黄粉虫摄食了发霉变质的饲料会患病,降低幼虫成活率，蛹期不易正常完成羽化过程，羽化成活率低。所以应严格控制黄粉虫饲料的含水量。

用膨化饲料机将饲料加工成颗粒料是十分理想的方法。颗粒饲料含水量适中，经过膨化时的瞬间高温处理，不但起到了消毒灭菌和杀死害虫的作用，而且使饲料中的淀粉糖化，更有利于黄粉虫消化吸收。饲料粒度应该利于黄粉虫取食。因此加工颗粒饲料时最好将小幼虫、大幼虫和成虫的饲料分别加工。小幼虫的饲料颗粒以直径 0.5 毫米以下为宜，大幼虫和成虫饲料颗粒直径为 1～5 毫米。此外，饲料的硬度亦应适合不同虫龄取食的要求。因黄粉虫为咀嚼式口器，不适宜饲喂过硬的饲料，特别是小幼虫的饲料更要松软一些。

对没有条件或不宜加工成膨化颗粒饲料的原料，可将各种饲料原料及添加剂混合拌均匀，加入 10％的开水搅拌均匀后，加入复合维生素，拌匀后晒干备用。

淀粉含量较多的饲料，可用 15％的开水烫拌后再与其他饲料拌匀，晒干备用。

对发霉及生虫的饲料要及时晾晒，或置于烤箱烘干，或微波 70℃10 分钟烘至干燥，既可防止饲料霉变，又可杀死饲料中的其他害虫卵。有条件的可将生有害虫的饲料用塑料袋密封包装后放冰箱或冰柜中在－10℃以下冷冻 6 小时以上，也可杀死害虫。冷冻后再将饲料晒干备用。

饲料加工所需设备有膨化颗粒饲料机、秸秆粉碎机、秸秆发酵池 、微波烘干设备等。

三、黄粉虫的运输与贮藏

(一)活虫运输

黄粉虫的运输技术是生产环节中十分重要的问题,在商品黄粉虫和虫种的销售、调运过程中,经常进行活虫运输。近年来有很多养殖户由于不科学的运输,造成大量虫子死亡。例如,有人买了数万元虫种,装箱运输数小时(当时室外最高气温 28℃),到达目的地后发现虫种全部死亡,追其根源,主要是温度过高引起。实践证明,包装问题可使运输箱内温度比外界温度高 5℃以上,又因为在包装和运输过程中,黄粉虫受到惊吓,在箱内不断地运动,虫体间摩擦生热,又可提高虫体间温度 3℃～5℃,运输 1 小时后,实际箱内温度已经超过黄粉虫的致死温度 35℃。因此活虫运输时的包装方法很重要。

黄粉虫幼虫可用袋装、桶装或箱装,每 5 千克 1 箱(或 1 桶),箱内虫的总厚度不能超过 5 厘米。箱子不能加盖,以便通风散热。

在运输包装箱内掺入黄粉虫重量 30%～50%的虫粪或饲料,与虫混合均匀,总厚度不要超过 5 厘米,以减少虫体间的接触,同时也可吸收一部分热量。

选用透气性好的编织袋装虫(袋装 1/3 量),扎紧口后平摊于箱底部,厚度不超过 5 厘米,箱子可以叠放装车。运输过程中要随时观察温度变化情况,如温度过高,要及时采取通风措施。气温在 28℃以上时最好不要运输活虫。在冬季运输活虫时则要考虑保温的问题，应使箱内温度不低于5℃。

（二）产品贮藏

1. 冷冻贮藏　若黄粉虫产量大，一时销售或使用不完，可以临时冷冻贮存。冷冻前应将黄粉虫清洗（或煮、烫）后加以包装，待凉至室温后放入冰箱冷冻，在－15℃以下温度可以保鲜6个月以上，冷冻的虫仍可做饲料用。包装可用塑料袋（500～1000克/包），需要时可随用随取。

2. 干虫贮藏　以微波或其他方法烘干的黄粉虫可存放较长时间，方法得当存放1年后仍可使用。但是也要注意存放的温度和时间。如果干虫处于25℃以上超过30天，则会造成虫油酸败变质。所以，尽可能做到5℃以下贮藏保存。厚塑料袋包装，要尽量密闭，尽可能减少包内空气，减慢氧化速度。

第四章 黄粉虫的利用

一、用做实验材料

在20世纪70年代,科技界有关人士就发现黄粉虫容易饲养,可做教学、科研的实验材料。例如,在黄粉虫的饲料中加入微量染色剂,被幼虫食用后可融于其体液中,可从背部看到血液的流动情况,从而观察了解节肢动物循环系统的结构及血液的循环过程。

新型农药的研制要通过对害虫的药效的试验,黄粉虫则是最常用的仓库害虫代表。由于虫源材料丰富,药效试验可做得详尽而可靠。但是人工养殖的黄粉虫对农药的敏感性有所差异,使用时应作对比参考。

黄粉虫具有较好的耐寒性,正常越冬虫态可以在-5℃不结冰,而且温度上升后其可恢复正常活动。现代生物科学可利用黄粉虫的这一特性,生产转基因防冻蔬菜和特殊功能的防冻液等产品。

二、喂养经济动物

黄粉虫可用于饲喂珍禽和观赏动物,也可饲喂蝎子、蜈蚣、蛇、鳖、鱼、牛蛙、蛤蚧等数十种经济动物,均能获得较好的效益。近年来,也有用黄粉虫饲喂雏鸡、鹌鹑、乌鸡、斗鸡、鸭、鹅等禽类的。用黄粉虫喂养的雏禽生长发育快，产卵期提前，繁殖率及成活率都有提高，而且可以增强抗病能力。

在此要强调一下的是黄粉虫作为饲料饲喂中应注意卫生。以黄粉虫活体作为饲料具有很多优点，但在饲喂水生动物时要特别注意饲喂时间和饲喂量。因为黄粉虫放进水中后不到 10 分钟就会被淹死。如果投放的黄粉虫量大，短时间内吃不完，便会腐败变质污染水质，动物食用了腐败的黄粉虫后也会得病。因此，在水中投放黄粉虫要选在动物饥饿时，投放量以 2 小时内能食完为度。

（一）饲喂观赏鸟

黄粉虫在鸟市作为鸟类饲料被称为面包虫，可能因其幼虫的颜色、形状似一长形面包而得名。给鸟类适量投喂黄粉虫，可使其羽毛光亮，鸣叫声洪亮，增强抗病力。

1. 饲喂方法　现以画眉为例介绍几种黄粉虫的饲喂方法。

（1）虫浆米喂鸟　黄粉虫老熟幼虫 30 克，小米 100 克，花生粉（花生米炒熟后研成粉）15 克。将纯净的黄粉虫老熟幼虫放于细筛子中，用自来水冲洗干净，再将适量清水烧开后放入黄粉虫煮 3 分钟捞出。用家用食品粉碎机或绞肉机将虫绞成肉浆，再将虫浆与小米放在容器中拌匀，放入蒸笼中蒸 15 分钟，取出搅开，使之呈松散状，平放在盘中，晾干或晒干后即可使用。

（2）虫干喂鸟　取黄粉虫幼虫，筛除虫粪，拣去杂质及死虫，用微波炉烘干。以家用微波炉为例：直径 25 厘米的微波盘放鲜幼虫100克,放入微波炉以中温火力烘干大约8分钟,虫体即可膨酥干燥。虫干可直接饲喂画眉,也可研成粉拌入配合饲料中饲喂。饲喂时要特别注意虫体卫生,如果虫体含水量超过8%,容易变质或发霉,鸟食用后会患肠炎。特别在夏季,绝不能用死虫喂鸟,以活虫饲喂或用虫粉拌入饲料中饲喂效果较好。虫干和虫粉均应以塑料袋封装冷藏保存。

(3)**活虫喂鸟** 以活的黄粉虫喂画眉已有近百年的历史,黄粉虫已经成为肉食性观赏鸟类的必备饲料。但要注意饲喂也不可过量。因为黄粉虫脂肪含量较高,若饲喂过量,鸟又缺乏运动,会使鸟体内堆积过多脂肪而患肥胖症,特别是成年画眉较易发胖。所以黄粉虫不宜做单一饲料喂画眉,且应控制饲喂量,一般以每只鸟每天喂8～16条为宜。年轻体质好、活动量大的鸟可适当多喂些,年老体弱的鸟应少喂一些。给画眉喂黄粉虫时,可用手拿着喂,也可用瓷罐装喂。瓷罐内侧面要光滑,以使虫不能爬出罐外,罐内不能有水和杂物。

2. 注意事项 一般画眉食用黄粉虫后都生长得很好。有时也会出现精神不佳,饮水量增加,排便多、常排稀汤样粪便。出现以上情况的原因有两个:一是黄粉虫质量差,有病虫或死虫体。二是饲喂过量,鸟活动少,引起消化不良或蛋白质过剩而得病。所以在投喂黄粉虫前首先要清理杂物和病死虫体,每天投虫量要适宜。

养鸟者可以自己养殖黄粉虫,也可以到市场上购买商品黄粉虫。从市场上买黄粉虫喂鸟,1次不要买得太多,每次50～100克,可供1只画眉食用20余天即可。期间要对购入的黄粉虫精心喂养和管理,要保证其不生病、死亡。病虫或死虫不能喂鸟。购虫时首先要选择行动活泼的个体,买来的幼虫可放到小塑料盆或养虫箱中,投入适量麦麸或玉米(饲料约1厘米厚即可)。天晴时投入少量菜叶,如白菜叶、甘蓝叶等。菜叶要新鲜干净不带水,投放量一次不能过大,适当撕得小一些,1片约10厘米^{2}的菜叶可够40～60条黄粉虫食用。若有潮湿结团现象应尽快清除粪便及杂物。

买来的黄粉虫幼虫,在养殖一段时间后,有的开始化蛹,甚至变为成虫(即黑甲虫)。黄粉虫的蛹和成虫也可以喂画眉。黄粉虫蛹脂肪含量高,不宜多喂,否则会使鸟过肥。食用黄粉虫过多,鸟会发生眼角起泡、眼屎多、粪便颜色深并发绿。发现这些症状时应尽快停止喂虫,多喂蔬菜、瓜果类食物。

用黄粉虫喂其他鸟的方法及注意事项与喂养画眉基本相同,在喂黄粉虫的同时适量投喂小米、蔬菜及瓜果类。要喂活虫。用死虫喂百灵鸟会引起肠炎,甚至死亡。

(二)喂养蝎子

黄粉虫是十分理想的养蝎饲料,只要养蝎场不是十分潮湿,投入的活黄粉虫仍可生存较长时间。另外黄粉虫还可取食蝎场内的杂物及蝎子粪便。养蝎的同时养黄粉虫,不但能保证蝎子常能吃到新鲜活虫,还能降低养蝎成本。饲喂时要注意以下几点。

其一,要投喂鲜活的黄粉虫。活动的黄粉虫既易被蝎子发现和捕捉,又不会对蝎窝造成污染。

其二,喂蝎子以黄粉虫幼虫较合适,投喂量须根据蝎龄的大小及蝎子捕食的能力来确定。若给幼蝎喂较大的黄粉虫,幼蝎捕食能力弱,捕不到食物,会影响其生长;若给成年蝎子喂小虫则会造成浪费,所以应依据蝎子的大小选投大小适宜的黄粉虫,一般幼蝎投喂1～1.5厘米长的黄粉虫幼虫较为合适。必要时应现场观察幼蝎捕食黄粉虫情况,以确定投喂虫的大小。

其三,在蝎子取食高峰期,投虫量应宁多勿缺。幼蝎一般蜕皮6次即为成蝎,每次蜕皮后都会出现一个取食高峰,每个取食高峰都要多投虫,否则饲料短缺会引起幼蝎及成蝎间的自相残杀现象。对于成蝎的投料,不仅要增加投虫量,而且要常观察,在虫蝎快捕食完时及时补充。

其四,蝎子一般夜间出来捕食,要保证夜间有足够量的食物,防止蝎群互相残杀。

(三)喂养鳖

鳖对饵料的蛋白质含量要求较高,一般最佳饲料蛋白含量为40%～50%。而黄粉虫蛋白质含量较高,较适合做鳖的饲料。以鲜活黄粉虫喂鳖可补充多种营养物质,提高鳖的活力和抗病能力。所以黄粉虫是人工养鳖较理想的饲料。

以黄粉虫养鳖不同于养鸟和养蝎子,因鳖在水中取食,要考虑到黄粉虫在水中的存活时间。将活黄粉虫投入水中后,其会在10分钟内窒息死亡,在20℃以上水温2

小时后开始腐败，虫体发黑变软，然后逐渐变臭。

虫体开始变软发黑就不能用作饲料了，如被鳖取食就会引发疾病。因此，以黄粉虫喂鳖，首先要掌握鳖的采食量，投喂量以2小时内吃完为宜。春、夏季水温在25℃以上时，鳖食量较大，1天可投喂2～3次。投喂时将黄粉虫放在饲料台上。第二次投喂时要观察前1次投放的黄粉虫是否已被鳖食尽，若未食尽则不要投喂。秋、冬季水温在16℃～20℃时鳖的食量较小，每天投喂1次即可。如果有人工加温条件的，水温在25℃左右则可增加投喂次数，最好是“少吃多餐”，以保证虫体新鲜。鳖生长季节鲜虫的日投喂量为其体重的10％左右较适宜。

（四）喂养蟾蜍

蟾蜍捕食黄粉虫十分活跃，体重30克的蟾蜍一次可捕食黄粉虫4克左右。饲喂黄粉虫和其他昆虫可降低蟾蜍死亡率，并可使蟾酥产量提高10％以上。

（五）喂养观赏鱼

用活黄粉虫喂金鱼、锦鲤和热带鱼效果十分理想。由于鱼类摄食方式多为吞食，因此要根据鱼的大小来投喂虫体的长度。每次投虫量也不可过多，以免出现虫体腐败现象导致水质恶化，引发观赏鱼疾病。

目前市场上已有观赏鱼饲料的微波烘干干虫产品。我国干虫出口的主要终端产品之一就是观赏鱼饲料。

（六）喂养蛇

黄粉虫也可做蛇的饲料，可直接喂幼蛇。喂成年蛇可与其他饲料配合成全价饲料,加工成适合蛇吞食的团状。投喂量要根据蛇的大小及季节不同而区别对待,一般每月投喂3～5次。

总之黄粉虫可用于饲喂许多动物,食肉性、食虫性和杂食性动物均可食用黄粉虫。饲喂方法也没有太大的区别。各地可根据情况,采用合适的饲喂方法。

第五章　黄粉虫的综合开发

一、食用昆虫的研究与开发

家蚕、蜜蜂、白蜡虫、五倍子蚜和紫胶虫等传统资源昆虫的产业化生产是利用其丝、蜜、蜡、胶等作为人类的食品、药品及各种工业原料，是间接利用昆虫资源，而直接利用昆虫制作食品、药品等已成为近年来的热门开发项目。昆虫蛋白质含量高，人体必需氨基酸配比合理，为优质蛋白；脂肪酸多为不饱和脂肪酸，胆固醇含量低；富含多种维生素和微量元素，营养丰富。大多数可食性昆虫还具有一定的保健功能，因而受到医药界的重视。食用昆虫的开发与研究涉及昆虫养殖、预防医学、食品营养学、食品卫生学、食品工程学以及市场营销和企业经营管理等多学科多行业的知识，需要多学科、多行业的合作。

（一）食用昆虫的选择

食用昆虫的开发首先遇到的就是选择昆虫种类的问题，这也是能否开发利用成功的关键。食用昆虫应具备的条件是：①可实行规模生产，与相关产品相比成本低。②营养价值高，具有保健功能和其他利用价值。③不会造成环境污染，不会造成对其他行业的危害。④食用安全可靠，对人体无害。⑤最终产品具有一定的市场需求。

近年来,国内外开发作为食品原料的昆虫有蚕蛹、蚂蚁、蜂蛹、稻蝗、飞蝗、蝉、天蛾幼虫和蝇蛆等。有的已经开发出了较好的产品,形成了一定的市场。但大多数昆虫种类由于其自身的生物学特性,开发利用受到一定的限制,而只能小批量生产。

家蚕蛹和柞蚕蛹生产量大,营养价值极高。柞蚕蛹食用有一定的市场,制作的菜肴很受欢迎。蚕蛹缫丝前在茧内会腐败,缫丝时又会浸入工业碱,加之高浓度的蛹臭,使食品加工工艺复杂化,成本较高。所以目前蚕蛹主要作为饲料和用来提取蚕蛹蛋白、蛹油及其副产品,其产品作为药用比较理想,如蚕公酒、延生护宝液等。

蚱蝉(俗称"知了")是林木害虫,生物量随季节变化较大。据估算,陕西省关中地区年产量在百吨以上,且有相当的市场需求量,民间有食用蚱蝉老熟若虫的习惯。蚱蝉幼虫在土壤中吸食树根汁液,生活期达5年以上。蚱蝉的蛋白质含量达70%以上,具丰富的维生素和微量元素,具药用价值和保健功能,国内每年有上百吨的消耗量。但由于目前主要依靠自然采集,不能保障产量的稳定,使其产业化受到一定的限制。

蚂蚁的食用和药用功能已被公认,以蚂蚁制作的保健品已形成了一定的市场。但目前人工养殖蚂蚁的技术还不成熟,野外大量采集造成资源的严重破坏,阻碍了其产业的发展。

蝗虫的营养价值很高,含有丰富的黄酮及其药用功效,但人工养殖成本高,饲料浪费大,并易造成扩散。对蝗虫的开发利用最好结合灭蝗工作进行，在蝗虫发生地建立加工站，发生季节在蝗虫发源地大量收捕，组织收购，经初加工，冷冻贮藏，再加工成药品或食品。只要组织工作做得好，广集虫源，其开发前景非常看好。

蜂蛹营养丰富，药用价值也高，但生产量小，采收难度大，成本高，作为小批量生产比较理想。

（二）食用昆虫的养殖与收集

昆虫养殖主要应掌握虫种、饲料、环境和管理技术4个方面。大多数可食用昆虫由于人工养殖技术不过关，不能形成产量，或即使形成产量，也由于成本太高而不能推广。

黄粉虫属于仓库害虫，营室内生活，对环境要求不高，不易主动迁移造成传播，容易管理，便于控制，是继养蜂、养蚕业后最具养殖前景的虫种。

（三）食用昆虫的理化检验与安全性毒理学评价程序

食用昆虫作为新食品资源，除了要达到常规食品需检测的卫生指标外，还需通过卫生部规定的新食品资源检验程序检验和评估。在检测各种营养成分的同时，也要检测有害物质含量和通过安全性毒理试验。试验必须经由卫生部门指定的检测机构来做。

虫体的有害物质含量检测的主要项目有砷、铅及农药残留量等。对于人工养殖的昆虫来说，其有害物质的来源主要在于饲料。昆虫对饲料中的微量元素及有害物质蓄积性较强,因此饲料卫生是十分重要的。

作者对黄粉虫样品的90天喂养的首次试验显示其对试验动物的肝、肾功能有一定的损伤作用,分析原因,认为可能是加工方法不当,导致样品中残存的有害物质浓度过高所致。大多数昆虫体内会含有一定量的对动物有害的物质,因此在研究开发和加工昆虫食品时应注意加工方法的选择。

依照国家标准,新资源食品的安全性毒理学评价实验程序(GB 15193.1—94)包含4个阶段的内容。

第一阶段:急性毒性试验,了解受试物的毒性强度、性质和可能的靶器官,为进一步进行毒性试验的剂量和毒性判定指标的选择提供依据。

第二阶段:遗传毒性试验、传统致畸试验和短期喂养试验,对受试物的遗传毒性以及是否具有潜在的致癌作用进行选择,了解受试物对胎仔是否具有致畸作用。

第三阶段:亚慢性毒理试验——90天喂养试验、繁殖试验、代谢试验。根据这3项试验中所采用的最敏感指标所得的最大无作用剂量进行评价。最大无作用剂量大于100倍小于300倍时应进行第四阶段的慢性毒性试验。

作为新资源食品原则上需要进行前3个阶段的试验,以及必要的人群流行病学调查。必要时应进行第四阶段的试验。若根据文献资料及成分分析,未发现有或虽有但量很少、不至构成对人体健康有害的物质,以及较大数量人群有长期使用历史而未发现有害作用的天然动植物(包括作为调料的天然动植物粗提品),可以先进行第一、二阶段毒理试验,经初步评价后,决定是否需要进行进一步的毒性试验。

依照要求,蝉、蝗虫、蚕蛹具有一定的人群食用历史,如果进行毒理学评价,仅需要进行第一、二阶段毒理试验。而黄粉虫没有一定的人群食用历史,则还需要进行第三阶段的毒理试验。

开发新资源食用昆虫,生产相关产品,必须要通过新资源食品的安全性毒理学评价试验程序。只有严格通过了该试验程序及评价和相关的理化卫生标准,方可获新资源食品的许可批号,产品才具有进入市场的资格。

(四)食用昆虫营养成分的测定

一般在测定常规营养成分时所用方法及仪器有以下几种。

粗蛋白质:凯氏定氮法,用自动定氮仪检测。

维生素 B_1、维生素 B_2 和维生素 E:荧光法,用荧光分光光度计测定。

脂肪酸:气相色谱法,用气相色谱仪测定。

微量元素:原子吸收法,用原子吸收分光光度计测定。

氨基酸:用氨基酸分析仪测定。

样品的选择和加工工艺也是十分重要的。不同的季节、饲料及虫态,其营养成分含量有很大的差异。

检测样品做常规营养成分测定时,选择一定的虫态,进行排杂处理。经处理后的黄粉虫体内尚存有一定量的活性消化酶及其他酶类物质,若不尽快处理,这些酶就会直接消化虫体组织,很快虫体就会发黑变软不能使用。因此,样品需经80℃水浸泡2～3分钟,捞出晾干、脱水、干燥后方可使用。

(五)昆虫食品的加工

昆虫食品加工除了最初的排毒排杂工艺外,因种类不同,方法也不同。以黄粉虫为例,其食品加工遇到的主要问题是处理表皮。昆虫体壁的组织结构与其他节肢动物一样,为外骨骼,而这种骨骼的表皮结构以几丁质为主。几丁质结构十分稳定,一般条件下强酸强碱亦难使其软化分解。这直接影响到所加工食品的口感,表皮粗糙、坚硬而无味,更不易消化吸收。处理表皮的方法有以下3种。

一是将表皮通过过滤的方法除去,用其体液来加工食品,表皮做提取几丁质的原料。

二是以烘、烤、微波等办法加工食品,直接以高温破坏表皮,使其变焦酥香,具香味,直接食用。

三是用酶破坏表皮几丁质大分子间稳定的键,使其能水解。

滤皮的办法需结合几丁质的提取加工,否则表皮滤出而无用则是一种浪费。烘烤昆虫食品比较简单易行,用小食品常规加工方法来加工昆虫原料。以酶法软化几丁质,在设备和技术上要求较高,但是规模化生产昆虫食品,采用该技术是必然的趋势。

目前已有许多餐饮企业在制作蝉、蝗虫、蚕蛹、黄粉虫及蝎子等昆虫食品时，均以油炸或烘烤为主。油炸或烘烤可破坏昆虫表皮结构，使几丁质变性。产品表现为酥松、焦香，具有昆虫食品的特殊风味。如果表皮不炸酥松，口感较差，且昆虫表皮坚韧的渣屑可食性较差，难以消化吸收。但油炸、烘烤又破坏了表皮内其他组织的蛋白质和维生素等营养成分，使蛋白质变性而损失部分营养。因此，加工工艺的选择十分重要，在保护昆虫食品营养的同时也要保持香酥可口。

二、黄粉虫食品的加工

（一）黄粉虫食品加工工艺

黄粉虫食品的加工工艺有其特殊性。除了前期严格的排杂工艺外，黄粉虫还有虾类食品和乳品的双重特性。以黄粉虫为原料制作的烘烤类食品具有昆虫蛋白质的特有香酥风味，适宜制作咸味食品及添加料；制作的饮料具有乳品及果仁香型口感，适宜生产高蛋白饮料或保健口服液。下面介绍几种加工黄粉虫食品的工艺流程。

1. 原形食品的加工

活虫排杂→清洗→固化→灭菌→脱水→炒拌→烘烤→调味→成品

原料可以用黄粉虫幼虫，也可以用蛹。成品呈膨松状，金黄色，酥脆而香味浓郁，可调制成五香、麻辣和甜味等多种风味，做成小包装方便食品，亦可上餐桌。

2. 调味粉的加工

活体排杂→清洗→固化→冷冻→脱水→烘烤→研磨→浓缩→配料→均质→成品

调味粉的加工是将虫子脱水后研磨成粉状,根据需要调味,其品味纯香,后味长久不散,可做调味品,调菜或加入各种米面小食品中,或用作方便面调料,可使产品营养价值提高,风味独特。

3. 黄粉虫小食品的制作

月饼:普通月饼馅料添加8%黄粉虫粉,加工方法与普通月饼加工方法相同,可使其风味明显改善。

锅巴:加工锅巴时,在拌米、面时加入6%黄粉虫粉,其他加工方法相同,产品营养丰富,有鲜虾风味。

饼干:在饼干原料中加入5%的黄粉虫粉,制成的饼干不仅具有高蛋白质虫粉的风味,且营养倍增。

4. 黄粉虫饮料的加工 制作黄粉虫粉冲剂饮料,将排杂后的鲜虫经过研磨、过滤、均质和调配等工艺,再经干燥喷粉等工艺制成细粉状冲剂,其蛋白质含量在30%以上,维生素和微量元素含量十分丰富,饮料属果仁香型,是一种适合少年儿童和运动员的饮料。

5. 黄粉虫酱的加工 将烘干的黄粉虫用胶体磨加工成酱状,调配适量食用油、花生粉或芝麻粉等,调味后制成系列酱类产品,既可单独作为产品,也可用于制作酥糖馅、馅饼、夹心面包及各类包馅类食品。产品营养价值高,口感好。

（二）黄粉虫食品简介

1. 油炸食品　黄粉虫的幼虫、蛹经过排杂处理、开水烫煮、用纱布包裹进入脱水机脱水，以少许食用油经过炒至膨酥，加入调味料即可食用。营养丰富，风味独特。适合于制作小食品、餐宴食品等。

2. 微波速食小食品　将经过精选的原料通过排杂、水煮、脱水机脱水等程序，放入微波炉中烤制成膨酥状，撒调不同口感的调料，即可食用。但是特别要注意的是微波加工的时间要随虫态、虫体大小、含水量以及微波炉的功率而定。举例：黄粉虫幼虫，微波中等火力，每盘（直径约 25 厘米）100 克幼虫，微波加工约 9 分钟即可。黄粉虫蛹，以同样的条件加工 6 分钟即可。

3. 餐宴半成品　将原料通过排杂、水煮、脱水机脱水等程序处理后整形、挑选，然后以 100 克或 200 克装入食品级塑料袋中真空抽气封口，速冻后在－18℃贮藏。其可作为宾馆饭店昆虫宴的原料，稍作加工、拼盘即可成美味菜肴。

4. 罐头食品　选择体态完整的黄粉虫幼虫或蛹，通过排杂、水煮、脱水机脱水等程序，再经过清蒸、烧、炸、腌制及加入不同的调味剂，制成各种风味的罐头食品。工艺流程如下：

虫体清理排杂→清洗→固化→调味→装罐→排气→密封→杀菌→检验、标签→成品

5. 小食品系列　黄粉虫等食用昆虫经过排杂、水煮、脱水等程序，再经消毒、固化、微波烘干后磨成粉。具体

工艺流程如下:

虫体清理排杂→清洗→固化→脱水→烘烤→研磨→筛选→成品

该成品主要用于各种小食品原辅料,可加工多种系列小食品,如锅巴、饼干、面包、月饼、酥饼、酥糖等。

6. 高蛋白虫浆 选用鲜黄粉虫经过去杂处理,清除消化道内杂物,然后清洗干净,经脱水、磨浆、过滤,制成灰白色虫浆液。其可用于制作多种食品、饮料、酸乳、蛋白胨、高蛋白糕点,也可用作酥糖馅、月饼馅等各种高档的点心馅料。其工艺流程如下:

鲜黄粉虫→清理去杂→清洗→磨浆→过滤→调配→成品

7. 黄粉虫酱油 在黄粉虫高蛋白虫浆中加入水解蛋白酶,再经过滤、杀菌、调味、调色等工序制成。黄粉虫酱油营养丰富,味道鲜美,香味浓郁,蛋白含量较高,富含锌、硒、钾、铁、钙等多种微量元素,维生素远超过普通酱油。产品工艺流程如下:

鲜虫→清洗→去杂→磨浆→过滤→调 pH 值→加酶水解→加热恒温→灭活→过滤→调 pH 值→杀菌→调味调色→均质→过滤→分装→成品

8. 黄粉虫冲剂 将黄粉虫高蛋白虫浆以喷雾干燥工艺,调配制成乳白色粉状冲剂,制作小包装产品,亦可加工成各种冷饮食品。具体工艺流程如下:

虫体清理去杂→清洗→固化→研磨→过滤→均质→喷雾干燥→调配→包装→成品

9. 黄粉虫蛋白粉　将黄粉虫经清理除杂，清除消化道内杂物，经清洗、脱水、低温真空干燥、粉碎，然后采用碱法水解使虫体蛋白质充分溶解，采用等电点、盐析或透析等方法，使蛋白质凝聚沉淀、分离并烘干，即得黄粉虫蛋白粉。具体工艺如下：

虫体清洗除杂→灭活→烘干→洗涤→水解→提取分离→洗涤→烘干→粉碎→筛分→成品

蛋白粉主要应用于食品添加剂、营养保健品原料，用于青少年成长及疾病患者的营养补充。也可进一步以酶水解法制作复合氨基酸口服液，作为补充能量的运动员饮料或制成粉剂，生产具有高附加值的氨基酸胶囊。

10. 功能饮料　具有保健功能性饮料是当今市场的潮流，但是目前市场上的功能性饮料多为人工复配营养而成，具有一定的缺陷。用黄粉虫生产纯天然型的多种氨基酸的全营养型功能饮料，其口感、营养成分和功能都在当今乳制品之上，是非常具有市场潜力的产品。

（三）黄粉虫食品发展前景

黄粉虫营养丰富，必需氨基酸比值与人体所需比值接近，尤其与婴幼儿所需比值相符，脂肪也优于其他的动物脂肪，而且含有较丰富的维生素 E、维生素 B_2。同时黄粉虫还可以作为有益微量元素的转化“载体”，通过饲料加入无机盐，转化为各种生物态有益元素，成为具有保健功能的食品。

我国目前食品工业发展的战略方向是重视提高发展营养功能食品，特别强调食品的营养保健功能。目前黄粉虫的研究开发利用还处于初级阶段,特别是在食品中的应用还有待于进一步的开发。此外,通过进一步深入地对黄粉虫营养成分的分析,明确其保健功能的作用机理,开发出受市场欢迎的保健功能食品。

1993～1995年我们进行了蚱蝉食品、黄粉虫食品生产的中试及西安地区市场调查,认为昆虫食品市场潜力巨大。在第一年中售出各种食用昆虫及其产品约8000千克,其中黄粉虫食品占60%,其余是蝉和蝗虫。经市场调查,约有82%的消费者敢于直接食用原形昆虫食品,其中约有25%愿意购买小包装昆虫食品,6%～8%的消费者对昆虫食品特别有兴趣,成为回头客。经市场调查及试销,到1996年1月底为止,在未做广告宣传的情况下,西安市昆虫食品消费能力可达到每年食用蚱蝉4500千克以上,饭店用黄粉虫约在5000千克以上,餐桌上用昆虫宴半成品用量以每年1.5倍的速度增长。存在问题是食用昆虫原料的来源途径较杂,食用卫生安全得不到保障。目前,解决的唯一办法就是要有正规的能够批量生产安全卫生昆虫食品的加工厂,将符合国家食品标准的产品推向市场。否则会破坏昆虫食品在消费者中的印象,影响昆虫食品的规模化、商品化和产业化进程。

三、黄粉虫提取物的综合利用

实验证明,黄粉虫综合提取技术的主要产品——黄粉虫蛋白粉、油脂以及副产品几丁聚糖——可广泛应用于医药、保健食品和化妆品等领域,还可开发出更多种类的高端新产品(图 5-1)。

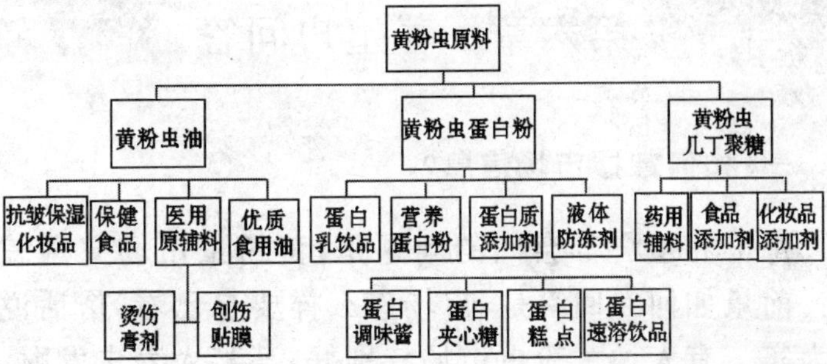

图 5-1　黄粉虫综合提取物应用示意图

通过动物实验和多项检测确定,黄粉虫油可促进细胞生长及再生,对于皮肤烫伤与创伤具有良好的恢复功能,其效果优于京万红软膏和沙棘油等常用烫伤药,可用于制作烫伤药膏及创伤贴膜。黄粉虫油含有丰富的不饱和脂肪酸和抗氧化成分,具有延缓衰老、调节血脂功效,可用于降血脂的保健品,还可用于外擦兼内服的功效型美容产品。西安市轻工业研究所经过十余年的精心研究,利用黄粉虫提取物开发出多种优质化妆品,如黄粉虫油(商品名:特利博油)、活性滋养美容乳液、活性保湿美容膏、滋养润肤面膜粉、抗皱保湿面膜粉等产品,具有良好的功效。黄粉虫蛋白质和油脂均为化妆品优质原料,具有优良的氨基酸配比和多不饱和脂肪酸,十分有利于人体皮肤的吸收,并可促进皮肤细胞再生和营养平衡,具有抗皱保湿之功效,使用后肤肌有良好的舒适感,在经过数年小范围试销试用后,受到了很多用户的欢迎。

第六章 养殖户问答

一、如何掌握市场信息?

每个养殖户都会问的问题是,黄粉虫市场究竟怎么样?前景如何?回答是:市场怎么样要自己看,俗话说眼见为实。有人说黄粉虫市场特别好,某某人养虫发财了,报纸上登了,广播电台上说了,电视台也播了,可是我的虫子怎么就卖不出去?

针对这样的问题,作者的观点是:现在是市场经济,从目前黄粉虫市场来看,市场需求量在迅速增长,正在逐渐向良性循环发展。前几年是有人炒作虫种市场,今后必然会走向规范的原料与产品市场。目前主要是大量地出口干虫,国际市场的需求量也在逐年增长。如果黄粉虫食品、保健品市场打开以后,对黄粉虫原料的需求量应该是十分可观的。

目前黄粉虫市场可以分为以下5大类。

其一,传统饲料市场。2000年以前主要是各大城市的花鸟鱼虫市场,主要以鲜活幼虫出售,用于饲喂观赏鸟类、宠物和观赏鱼。

其二,新兴市场。近年来黄粉虫干虫已进入宠物饲料市场,并逐渐被其行业所认可,市场需求量逐渐扩大。

其三,国际干虫市场。过去宠物饲料的蛋白源主要依赖于畜禽生产的下脚料,由于流行病的传播,发达国家已经逐渐停止用畜禽下脚料作为饲料，致使鱼粉的价格成倍提高。黄粉虫作为鱼粉的可能替代品，就成了高级蛋白市场备受关注的产品。预计未来黄粉虫干虫的市场将会逐年扩大。

其四，食品保健品市场。目前国内对于黄粉虫食品、保健品和化妆品的研究较多，许多成果有待走向市场。

其五，深加工产品前景。综前所述，以黄粉虫为原料加工的虫油、蛋白质和几丁质已经受到相关行业的重视，相信不久的将来将会有以黄粉虫为原料的多种产品上市。

二、如何看待不同的养殖技术？

每个人只要初步了解黄粉虫后，都会认为它很好养。但是要实现工厂化养殖，最大可能地提高质量，并将成本降到最低、实现可持续发展，则是比较复杂的问题，需要不断探索和实践。

关于养殖技术的优劣不能一概而论，因为每个养殖户都可能有自己的一套养殖方法。最初可能是从书本或者某渠道学来的，之后总结改进成为自己的技术方法。任何技术都有可能被新的、更好的技术替代。养殖户不但要学习书上介绍的技术，还要在养殖过程中根据自己的实际情况，不断探索改进，摸索出一套适合自己的养殖方法和技术。

三、如何决策投资？

这是读者咨询最多的问题，也是最难回答的问题。

建议在决策不定时,先上市场跑跑、看看,再勤上网查查,向周围的人多问问,综合分析后再做出决定。实在不好决定时,可以先少量养一些,熟悉一下黄粉虫的习性。待市场明确时,再扩大生产。

四、如何控制生产规模?

经常有盲目上马的养殖户,在养出大量成品虫时却找不到销路。此时应按照前面讲过的方法,及时控制黄粉虫的繁殖生长速度。如减少饲料的投入可延长幼虫生长期,使虫长得更大一些,推迟出产品虫的时间。

五、当前国内黄粉虫养殖市场如何?

近10年来,黄粉虫市场有了较稳定的发展。2000年以前黄粉虫主要是作为药用动物、特种动物以及宠物和观赏鸟类的饲料,市场需求量较小。例如,1998年西安市花鸟鱼虫等市场平均每天黄粉虫的交易量不足50千克。2000年后由于人工养殖技术的推广,黄粉虫养殖户逐渐增多,应用范围也逐渐扩大,尤其是黄粉虫干粉替代鱼粉和畜禽下脚料养殖高档水产品等,都较大地提高了黄粉虫的市场需求量。

2003年,随着媒体的宣传报道,催生了一批黄粉虫养殖技术推广企业,并带动了一大批黄粉虫养殖户。但养殖量的增长速度远远超过了市场需求量的增长。大多养殖户在养殖初期并没有找到可靠的销售渠道和市场,造成了大量成品虫的积压。掌握黄粉虫销售渠道的企业则趁机压低收购价，致使很多养殖户亏本。

在这里提醒大家：对于新闻媒体和网络上的宣传要有一定的鉴别能力，市场仍需要自己去了解。

2004 年前的黄粉虫养殖户，如果每天能出 50 千克黄粉虫就算是养殖大户了。如今，每天可生产 250 千克黄粉虫的养殖户已经算不上大户了。2003 年出口黄粉虫干品不足 600 千克，而 2008 年出口黄粉虫干品就在千吨以上。国际市场也在逐渐认识和了解黄粉虫，市场需求在逐年扩大，前景还是很广阔的。

六、初养黄粉虫应注意哪些问题？

由于各个地区的市场行情和个人的条件不同，选择养殖黄粉虫时需考虑以下问题。

第一，了解当地较大的花鸟鱼虫市场行情，掌握市场价和可能的收购量（每天）。多打听几家黄粉虫销售店铺，就可以对当时的零售市场有个大概的了解。如果价格较低，收购量很少，可以认定当地市场比较饱和。

第二，走访邻近养殖户，通过交流可以了解一些市场信息，要谨防上当受骗。

第三，上网了解市场行情。互联网上有很多与黄粉虫有关的网站和网页，可以作为参考。也可登录与黄粉虫相关的论坛，加入各种与黄粉虫有关的 QQ 群等进行信息交流，了解市场。注意目前网上的虚假信息也很多，要慎重对待。

第四，计算养殖成本。有的养殖户辛苦养出的黄粉虫只卖了个饲料成本价。例如,2008年麦麸每千克0.65元,养殖0.5千克黄粉虫需要消耗1.5～1.75千克麦麸和0.5千克的蔬菜,这样饲料成本在3元左右,加上虫种费、人工费、水电费、场地费、虫子得病死亡的损耗以及一些不可预见的费用等,使养殖成本超过3.5元。当时有养殖户这样讲:4元卖出没工钱,等于白忙活一场;5元卖出等于打小工,没房钱和水电费;6元卖出才够本。

养殖成本和每个养殖户的操作技术、运营方式关系很大。增大养殖成本的因素很多,如购买了高价虫种;不掌握活虫运输技术,在运输中大量死亡;养殖场保温性能差,冬季采暖和夏季降温费用高;养殖技术不过关,死亡率高;饲料中含有杀虫剂等造成黄粉虫的大量死亡。

七、如何看待加盟?

关于养殖企业加盟与产品收购问题养殖户咨询较多。较有实力的企业如果因为自己生产需要或者拿到大量的供货订单,在自己生产力不足的情况下会积极发展一定的养殖户加盟,为其在一定时间内生产足以保证其需要的原料。这对养殖户来说是一个确保稳定收入、没有后顾之忧的好事情,养殖户通过加盟可以免费得到技术指导服务,少走弯路。如果能长期合作保证稳定生产,是一种不错的运行模式。

但是,近年来有一些养殖企业在自己没有稳定销路的情况下,大量征集养殖户加盟。其加盟费少则数千元,多则数万元,加盟条件之一是必须购买其高价的"虫种",

而收购成品虫的价格却往往比较低廉。许多加盟养殖户辛苦1年后才发现自己养殖数吨黄粉虫也赚不回成本，后悔不已。

养殖户在考虑选择加盟的时候一定要慎重。首先要了解该企业的实力，是否真实可靠及稳定；合同是否合理、公正，收购价是否公平等。如果加盟一个稳定可靠的企业，等于进入了发展的快车道；如果选错了企业，则会造成经济损失。当前黄粉虫市场逐渐走向规范，养殖成本也是市场竞争之本。

八、如何选择养虫箱？

由于黄粉虫养殖市场的逐渐扩大，对养虫箱的需求也在增加。除了木质养虫箱外，市场上还有不同质量的塑料箱、纸箱等。不同材质制作的养虫箱价格、质量参差不齐，可根据自己的养殖场和投资条件来选择。不同材质的养虫箱在养殖过程中也会表现出不同的优缺点。

(1)木箱　材质有实木板、木工板、复合板、密度板或刨花板。不论是什么材质制作的箱子，尽量在甲醛和乳胶气味基本挥发完后再开始养虫。尽量不要用甲醛味道浓度大的木材制作养虫箱。

木质养虫箱的优点是：内壁不易积水，适合虫子爬行运动，有一定的吸水性，保温性较好，结实耐用。缺点是：如果使用具有甲醛和其他异味的板材制作养虫箱，对黄粉虫有一定的伤害，影响其生长和繁殖，甚至会导致死亡。另外，黄粉虫幼虫在缺少饲料的情况下，会咬食木材的松软部分，甚至可以咬穿箱壁，跑出箱外，造成很大的麻烦。但只要注意及时饲喂，就可避免其发生。木箱制作工艺应比较讲究，即使有极小的缝隙也会使小的幼虫爬出去，制作成本也会相对高一些。

(2)塑料箱　大多是压塑成型，有薄有厚，塑料种类多，形状也各异。

塑料箱的优点是：规则整齐，摆放稳定，内壁自然光滑，虫不会爬出，搬运轻便省力。缺点是：价格高；有的压模塑料箱具有有机溶剂的怪味，一定要用洗洁精清洗干净，晾晒干透后再使用；箱内局部冷热区别大，内壁容易积水，可能出现局部湿度过大，导致虫得病。

(3)纸箱　有不同材质，多数用带有塑料覆膜的纸板，如同普通包装箱材料一样；也有用塑材瓦楞包装纸材料，强度较好。

纸箱的优点是：经济实惠，轻便好操作，内壁自然光滑，不用贴胶带也不会有缝隙，虫不会爬出。缺点是：由于整体内壁贴膜或者是塑料材质，内壁容易积水，保温性差，容易出现局部湿度过大。

养殖者可根据自己的实际情况选择。不论选择哪种箱子，都要求内壁光滑，虫不会爬出，可随时有效控制箱内湿度。

九、如何培育虫种?

目前很多养殖户尝试自己培养虫种。

黄粉虫本是一种仓库害虫，在自然的粮食仓库里作为一种害虫存在。经过上百年的人工养殖和培育，黄粉虫有了更多的适应性。但是缺点也逐渐显现，主要在于批量出现个体退化，出现小老头幼虫；幼虫总是长不大也不化蛹，出现干缩现象；抗病能力差，老熟幼虫个体变小，环境稍有不适就会提前化蛹。黄粉虫发病近年逐年增多。这些现象在20年前很少发生。

如果总是利用现有的黄粉虫进行所谓的杂交育种，其实也只是在优越的养殖条件下培养虫种。近年来有一些企业宣称他们的虫种繁殖量在8～10倍，岂不知普通黄粉虫在自然环境下的产卵量在100～380粒之间，如果雌雄成虫数量各半，最低繁殖量应该在50倍以上。由于养殖方法和环境影响，10%左右的虫卵受到损伤不能孵化。实验证明，如果有好的生长环境和养殖技术，每只黄粉虫雌虫的产卵量可高达800粒以上。目前市场上的黄粉虫大多都已经严重退化。

良好的虫种不仅要有较大的个体，还要有较强的抗病能力和较高的繁殖量和相对稳定性。从自然界中寻找原生品质的黄粉虫作为种质资源培养虫种是最佳途径。

十、怎样合理设计饲料配方？

本书列出的几种饲料配方，仅供参考。读者在实际应用过程中不必生搬硬套，可根据当地实际情况寻找经济的饲料原料。黄粉虫是杂食性动物，有很多农产品废弃物可以作为其饲料。不论应用什么饲料，加工饲料时都必须坚持3个基本原则：第一，饲料的湿度要小，含水量不得超过 13%；第二，饲料的颗粒度要小且较为松散(类似麦麸)，适合黄粉虫咬食；第三，营养配比相对均衡，不仅要有相当的蛋白质含量，维生素、微量元素和脂肪也不可缺少。

例如，有的地方有酿酒厂，有大量的廉价酒糟可利用。由于酒糟含水量较大，且残留有酒精，需要通过挤压、暴晒或烘烤，再添加部分麦麸或其他干粉状的饲料搅拌后晾晒，干燥后才可作为饲料。

酒糟中含有相当的蛋白质和微量元素，适当添加一些麦麸或者玉米粉，可以满足黄粉虫的营养平衡，利于饲料的干燥加工处理。

豆制品加工的下脚料豆渣，土豆、薯类提取淀粉后的废渣都含有很好的纤维素，黄粉虫可以充分地消化利用。大豆、花生、芝麻、麦糠、稻糠和其他油料作物榨油后的油渣、豆饼，都含有丰富的蛋白质，这些原料经过处理加工都是很好的黄粉虫饲料。

十一、饲料加工应注意哪些问题？

不论以什么原料作为黄粉虫饲料，都要坚持以下原则：干燥、防粮食害虫、防霉变、防添加剂和杀虫剂的污染。

饲料可通过烘烤或者晾晒使其含水量达到 13%以下，有利于较长时间的保存；通过暴晒或烘烤可除去其中的有害气体和成分，杀死饲料中的害虫和虫卵；少量的霉变也可通过暴晒烘干除去，但是饲料已经较多的霉变则不能饲喂黄粉虫。

蔬菜作为含水饲料和维生素的补充,也要特别注意其安全性。有的养殖户为了节约蔬菜饲料成本,在菜地或蔬菜批发市场收捡遗弃菜叶。然而这些蔬菜在采收前可能刚刚打过农药,用其饲喂黄粉虫可能会给养殖场带来毁灭性的灾难。

十二、黄粉虫患病死亡的主要原因是什么?

黄粉虫批量死亡的原因有以下两大类。

一类是饲料带毒致死。这类中毒死亡的主要特点是症状整齐,如果毒性大,黄粉虫会在1天内集体失去活性或者死亡,死亡率可在60%以上;如果饲料中带的毒性较小,毒性的蓄积和中毒发作会有一定的时间,在3～5天内症状逐渐显现。黄粉虫取食含有少量毒饲料后逐渐失去活性,不取食,逐渐死亡。饲料带毒的可能性有:成品饲料含有杀虫剂、蔬菜防虫打过农药、各种饲料添加剂,以及鸡饲料中也含有杀虫剂。

另一类是染病。染病原因很多。黄粉虫幼虫在初龄期(大约孵化后50天以内),一般情况下很少得病,大概是由于这个阶段虫体内抗病能力较强的原因。在成虫化蛹前1个月内是黄粉虫易患病期。疾病主要有两种:干枯病和黑腐病。

干枯病初期表现是幼虫开始不活跃,不取食,基本停止生长,以后虫体逐渐干缩,颜色发白。用放大镜仔细观察,有时可以看到虫体表面有螨虫附着,或者滋生的菌丝。染病原因可能有螨虫寄生传染病菌,也可能由饲料带入病菌感染虫体。该病发病率不高,对生产的影响一般不是很大,也不被重视,但是如果发病率高就会对生产造成影响。

黑腐病初期幼虫表现为不活跃,不取食,虫体开始膨胀,从虫体两头或中间开始变黑,虫体全部变为黑色后呈松软状,触之易破并流出黑色体液。这种黑色体液具有较强的传染性,如果不及时处理,可能会在 20 天之内感染整箱的黄粉虫,危害极大。

对于黄粉虫的疾病,目前还没有有效治疗方法,主要以预防为主。从养虫箱到饲料都要严格把关,不用带有粮食害虫和病菌的饲料,粮食类饲料必须经过烘烤或暴晒。不用曾经接触过病虫的黄粉虫做虫种。做到勤观察勤处理。在病害个别发生期及时发现及时处理。处理办法是:将死虫尽快彻底挑出,也需同时挑出那些体色有些发暗、发黑和不太活跃虫,清理虫粪和杂物后将正常虫移至干净的养虫箱中。病害发生严重病虫较多时,挑拣费时费工,也会增加更多污染机会,这时最好的处理办法是全盘销毁。清理出的病虫不要随便丢弃,要与接触过病虫的杂物一起焚烧或掩埋。病虫污染的养虫盒等用品也要及时清洗消毒并在太阳下暴晒,严防交叉污染。

据统计,黄粉虫养殖中发病主要由于湿度过大造成。化蛹期的前 1 个月,要严格控制养虫箱内的湿度,不要在阴雨天给虫饲喂蔬菜,饲喂的含水饲料不能在箱内过夜。养虫设备要随时清理,保持卫生干燥。

病虫与中毒虫表现有所不同：病虫染病初期发病较少，发病率和死亡率往往在3%以下，以后的5～20天内发病率和死亡率会逐渐增多。中毒虫发病较急，表现症状整齐，初期具中毒症状者可在50%以上，1周内80%以上虫会有明显症状。

十三、如何选择养殖场地？

养殖黄粉虫对场地要求并不高，养殖场所要能够长年保温在20℃～30℃之间，同时防潮，防风雨，防鼠、虫、鸟等侵害。这样的要求普通民房都可以达到。为了减少养殖成本，要尽可能降低初期的投资。所以，有条件的养殖户可以考虑搭建经济实惠的半地下养殖大棚。半地下养殖大棚的优点是：冬暖夏凉，保温成本低；具有自然湿度，但需要有良好的通风设施；室外必须有排水沟。

十四、黄粉虫被粮食害虫污染后如何处理？

由于黄粉虫的生存条件与大多数粮食害虫相同，在卫生条件差的情况下，养虫箱内也会出现各种粮食害虫与黄粉虫共存。少量的害虫不会对黄粉虫的生产造成影响。但是害虫多了，不仅会与黄粉虫争夺饲料，提高养殖成本，还会带入各种传染病造成损失。很多粮食害虫是杂食性的，还会取食黄粉虫的卵。

养殖场中最常见的粮食害虫有：赤拟谷盗、锯谷盗、皮蠹类、麦蛾类和一些螟蛾类。这些害虫主要来源于饲料，如麦麸和玉米中就可能带有大量的害虫卵。如果使用存放时间久的陈旧饲料,被害虫污染的几率就较大。所以饲料的处理很重要,暴晒、烘烤都可有效杀死害虫和卵。平时要注意保持饲料存放场地的卫生。

如果养虫箱内已经出现很多害虫,就要及时清理分离害虫,并及时杀灭。

十五、如何利用木质纤维素发酵做黄粉虫饲料?

虽然目前有很多秸秆发酵饲料研究成果,但是关于黄粉虫方面的秸秆饲料成果目前还不尽完善。

黄粉虫的食性与大多数畜禽不同的是,它可以消化经过一定处理加工的多种木质纤维素,如各种作物的秸秆、藤蔓、树叶、甘蔗渣、苹果渣、锯末等都可以加工成黄粉虫的饲料。这就极大地扩展了寻求廉价饲料的途径。黄粉虫消化道含有一定的纤维素消化酶,其虫粪中也含有这些酶类。因此利用虫粪作为发酵剂发酵秸秆,可取得理想的效果。

新鲜的或者干燥的秸秆不适宜直接饲喂黄粉虫。这里以麦秆为例,介绍一种简单的处理方法,供读者参考:取干燥麦秸50千克粉碎(越小越好),取黄粉虫幼虫虫粪(最好是大幼虫的虫粪)2.5千克,清水12.5～17.5千克,大塑料袋若干。将虫粪倒入水中搅匀,静置20～30分钟,倒入麦秸粉中拌匀,10分钟后再次搅拌,水的含量要根据搅拌的性状适当调整。要使秸秆尽可能浸足水分,但是也不能出现水往外渗流。将拌好的秸秆粉装入塑料袋中封口,因发酵过程中会产生大量的气体,所以塑料袋要留有适当的出气孔。如果气温在23℃左右,3天后打开塑料袋再搅拌1次,15天后观察秸秆,用手捏掐,如果秸秆已经相当松软,即表明发酵完成,否则需要封袋继续发酵,直至秸秆达到理想性状。

发酵好的秸秆经过晾晒或者烘烤干燥后,使其含水量降到13%以下才能使用。使用时还要添加适量的麦麸和玉米。发酵秸秆粉、麦麸和玉米的比例约为6∶3∶1。

除了麦秸以外,玉米秸、木屑和其他农作物秸秆均可参考此方法加工。

十六、如何利用酒糟做黄粉虫饲料?

酿酒的过程主要是消耗了粮食里的淀粉和糖类,剩下的酒糟中还含有较高的蛋白质和其他营养成分。近年来有些大的酒厂为了节能环保,专门建设酒糟加工生产设备,把酒糟经过烘干筛选制成酒糟粉,作为动物饲料。酒糟粉含有14%～20%的蛋白质,比麦麸的蛋白质含量高。但是要作为黄粉虫的饲料,其营养还不够全面,使用时必须加入一定比例的麦麸和玉米。

有的地区只有未加工的含水酒糟,必须将其处理成干粉后才能饲喂黄粉虫。简单处理酒糟方法是脱水。普通酒糟含有60%左右的水分,还有残余的酒精的气味。首先把酒糟用纱布或滤布包好,挤压出大部分水,然后加入20%～40%麦麸拌匀,使其成为松散状,再经过暴晒或烘烤,使其含水量降到13%以下。脱水的同时也去除了残余酒精。酒糟中的麦糠或者稻壳可以筛除。这种饲料饲喂黄粉虫不亚于麦麸、玉米配方的饲料,其成本不到普通饲料的50%。

不同酒厂废弃的酒糟性质也有区别,要根据具体情况设计加工方案。

十七、怎样简易鉴别虫种质量?

这里介绍一种简单、有效的鉴别黄粉虫虫种质量(幼虫活性)的方法——手抓感觉法。用手抓一把黄粉虫幼虫(大约2克,大幼虫12～20条、小幼虫要多一些),牢牢握住,不要留给虫子钻出的缝隙。大约10秒钟后,可以感觉到虫子开始在手心蠕动。幼虫蠕动的速度和力量可说明虫子的活性。

如此即可检验出虫子的活性如何。此法全凭个人经验,要经过多次训练,才能准确掌握要领。注意小幼虫和大幼虫蠕动的区别。此外,虫子的蠕动与季节和室温也有关系。

十八、引进虫种应注意哪些问题?

市场上出售黄粉虫虫种的渠道很多,刚开始接触黄粉虫的养殖户还没有鉴别虫种质量的能力。不建议大量购买价格较贵的虫种,以免上当受骗。

建议的引种办法是:多渠道、多产地、少量多批地购买产品虫(不要作为虫种买)。可以在多个地区、市场、养殖场购买,每次少买一些。如一个点买1千克,5个点就可买5千克。将这些黄粉虫分开养殖,从化蛹到羽化繁殖，就可以明显地看出每批虫的区别。然后在不同来源的黄粉虫中选择个体大、活跃的成虫混合，也就是用不同来源的虫进行杂交。以后每批虫也都选择优秀的群体进行混合繁殖，如此坚持，就可能培育出优秀稳定的黄粉虫虫种。

十九、如何找到野生黄粉虫？

从一些养殖户咨询的问题了解到，目前各地黄粉虫不论质量好坏，都出现严重的退化现象。这类虫长不大、易患病，老熟幼虫超过9000条/千克；普通虫种正常的老熟幼虫应该是少于6000条/千克。1986年作者在河北省某饲料仓库里采到的野生黄粉虫幼虫大约7000条/千克。如果人工养殖还不如自然环境下生长的黄粉虫质量好，就说明虫种已经严重退化了。

有企业在推销黄粉虫虫种时宣称他们的虫种是翻山越岭后，在山区及森林中采到的野生黄粉虫，经过数代杂交，培育出的优良品种，保持了黄粉虫原有的活性和抗病能力等。对黄粉虫稍有了解的人都知道，黄粉虫数千年随人类生产活动，早已适应于仓库的生活，在室外自然环境中已经是不可能生存了。目前要想找到原始的野生黄粉虫，只能到我国北方地区的粮食或者饲料仓库去找。而近年来大多数粮食和饲料仓库防治病虫工作都做得很好，不易找到黄粉虫。在这些地区（黄河以北地区）卫生条件较差、虫害较多的陈旧仓库，或许还能找到原始的黄粉虫个体。如能采到这种珍贵的野生黄粉虫，也可能培育出好的品种来。

二十、黄粉虫虫种的选择标准是什么?

前面讲到一些培育繁殖黄粉虫的办法。养殖黄粉虫也像种庄稼一样,每代或每年都需要更新虫种,才能保证产品质量和产量。介绍选择黄粉虫虫种的标准。

其一,作为虫种的黄粉虫及其上一代没有虫病史,即没有患过虫病,特别是传染性的疾病。

其二,作为虫种的老熟黄粉虫个体要大,每克虫数要在6.5只以下。

其三,作为虫种的群体尽可能个体均匀、大小一致,化蛹和羽化相对整齐,有利于生产操作。

其四,作为虫种的群体不能带有其他害虫。

其五,虫种的活性要好,食性杂,不挑剔饲料。

所选的虫种要符合以上条件,在培育虫种时还应该给予幼虫和成虫优良的饲料,如适当添加高蛋白质饲料豆粉、糖、复合维生素等。养殖户要根据自己的实际情况,不断总结经验,摸索出自己的育种方法。

二十一、怎样提高成虫产卵量?

作为繁殖用的黄粉虫,在饲料配方中应该有一些特殊营养。高蛋白饲料可以选择豆饼或豆粉,不建议添加鱼粉,因为有些鱼粉里添加了杀虫剂和防腐剂,这对黄粉虫是有害的。也可以在饲料中添加3%奶粉和5%白糖,有条件的可以添加2%~3%蜂蜜。这样可以数倍地提高黄粉虫的产卵量。实验证明:给黄粉虫成虫的饲料中加入3%蜂蜜,在一定条件下可以将黄粉虫的产卵量提高到每只600～800粒。不过近年来蜂蜜使用添加剂和掺假十分普遍,也要慎重选用。

二十二、黄粉虫能吃麻雀和老鼠吗?

曾有人将误入养虫室的麻雀打死后投进养虫箱喂黄粉虫幼虫,一夜之间麻雀仅剩下了羽毛、白骨。黄粉虫是杂食性昆虫,1箱幼虫吃掉1只麻雀也不足为怪。也有人给黄粉虫喂老鼠,这种做法是错误的。麻雀体内含水量小,作为幼虫食物还算合适。而老鼠体内含水量大,会给黄粉虫带来危害,况且老鼠还会传播各种疾病。所以,千万不要给黄粉虫喂老鼠。

二十三、初龄幼虫如何饲喂菜叶?

幼虫孵化初期称为初龄幼虫。幼虫孵化后在20天以内尽量不要喂菜叶。因为这个阶段黄粉虫需要水分很少,完全可以从空气和饲料中得到需要的水分。而且这个阶段幼虫对水分十分敏感,虫体很小还不能筛除虫粪,菜叶如果含水量稍微多一点,就容易导致霉变引发幼虫疾病。在幼虫长到20～30天的时候,用60目网筛筛除虫粪后,方可以开始适量饲喂含水量少的菜叶。

小幼虫比较娇嫩,对菜叶的选择也要讲究一些。要求含水量不能大,还要有适当的含糖量。甘蓝是最好的选择。不要喂给大片菜叶,要把菜叶撕或切成5分钱硬币大小较为适合。菜帮、菜根较厚部分要切得薄一些。如果叶面上有水珠，应晾干再用。当天投放的菜叶千万不能在箱内过夜，否则菜叶腐败会使黄粉虫染病。

二十四、用菜叶喂虫的注意事项有哪些?

给幼虫适量饲喂菜叶主要是为其补充水分和维生素，从而提高饲料的利用率，增强黄粉虫活性，加快生长速度。选择什么菜、怎么处理、什么时候喂和怎么喂，应遵循以下原则。

一是所选择的菜叶含水量不能太大，如冬瓜、白菜帮、茼蒿、西瓜瓤、甜瓜及含水量类似的瓜果、蔬菜不能选择。

二是不能选择辛、辣、香类蔬菜，如芹菜叶、香菜、洋葱、辣椒、大蒜等。

三是菜叶饲喂前最好切小一些，以便黄粉虫取食均匀，减少生长大小不均现象。

四是必须甄别所选蔬菜近期是否打过农药或者其他药剂。如果菜叶有近期被打过农药的嫌疑，就尽量不要用。极其微量的农药残留都会富集到虫体内，造成慢性中毒，导致黄粉虫死亡。

五是菜叶投放量和投放时间的关系很重要。室内湿度大、天气闷热、天阴下雨、梅雨季节等都需慎重饲喂菜叶。根据黄粉虫的龄期、密度、室内和养虫箱内湿度，决定菜叶投放量。最佳饲喂方案是：早晨筛除虫粪后先饲喂饲料，然后再投放适量菜叶。随时观察黄粉虫取食菜叶的情况，3～6 小时后虫基本不吃菜叶了，再将剩余菜叶挑出。在空气干燥、虫体缺失水分的情况下，菜叶投放量以虫4～6小时吃完为宜。这需要养殖户自己反复观察摸索，总结经验。

二十五、如何确定筛除虫粪的时间？

在孵化初期，由于有大量的饲料可供初孵幼虫取食较长时间，加上在此期间幼虫很小，体质幼嫩，因此不可筛除虫粪。15～30 天的时候，幼虫已经基本将箱内饲料吃完，虫体长度 0.5 厘米左右，即可用 60 目筛网第一次筛除虫粪。

幼虫生长到 30 天以后应该缩短筛除虫粪的间隔时间，原则上是 2～3 天筛除 1 次。所以每次投放饲料的量也要控制在 2～3 天幼虫刚好吃完的量。对于各种原因造成养虫箱内湿度过大，虫粪与饲料结成块状，要尽快筛除分离虫粪，以防虫子患病。

饲料投放量和筛除虫粪的时间需要养殖户自己摸索，可以通过观察虫粪中的饲料含量来判断。如果虫粪中已经不含有饲料，即可筛除虫粪。虫粪筛除过早，会浪费部分饲料；虫粪筛除过晚，会影响幼虫生长，也会增加患病的几率。

在每次投放含水饲料后，会增加养虫箱内的湿度，虫粪和饲料容易腐败变质，此时也应该及时筛除虫粪并清理箱内杂物。

二十六、如何清理养虫箱内杂物?

每次清理养虫箱内虫粪时,对于幼虫的蜕皮,残余的菜叶、果皮,以及其他杂物,在每次筛除虫粪后可以用簸箕除去。由于蜕皮上可能携带寄生虫和病菌,因此,该步骤十分必要,建议每次筛除虫粪以后,都用簸箕簸一遍。

二十七、如何保证卵孵化率与幼虫成活率?

初次养黄粉虫的朋友经常会问,我的黄粉虫产卵了怎么不见幼虫孵化出来?孵化出的幼虫怎么很少?

首先告诫养殖户不要着急,观察幼虫孵化要有耐心。书本上讲到的孵化时间只是参考,实际生产中季节、温湿度、饲料和虫种质量等都会影响到卵的孵化时间。观察初孵幼虫最好使用放大镜,初孵化的幼虫很小甚至透明。一般观察到有饲料"蠕动",就可以知道已经有幼虫孵化了。千万不要随意触动带卵的饲料,一个无意的小范围触压,就有可能伤害数十甚至上百条幼虫或卵。

人为地挪动、触动卵会造成虫卵批量死亡。卵的孵化率一般在正常情况下都可以达到95%以上,影响卵的孵化率的主要因素有:虫种质量、卵的天敌(粮食害虫、肉食性螨虫等)、湿度大饲料霉变等。

幼虫孵化后,在20天之内尽量不要触动小幼虫。由于其中还含有大量的饲料,足够幼虫食用很长时间,也不要添加饲料。这个阶段也不要饲喂菜叶,此时喂菜叶对小幼虫是很危险的。此期间幼虫抗病能力较强,影响小幼虫成活率的原因主要是人为伤害、天敌和湿度。

二十八、初龄幼虫的生长与护理要领是什么？

很多初次养殖黄粉虫的朋友看着很小的幼虫不知如何下手操作。其实黄粉虫幼虫初期不需要太多的关照和护理，只要保证一定的温、湿度就可以了。从第一次筛除虫粪开始，也就是正常护理的开始。

二十九、幼虫箱内出现化蛹怎么处理？

首先要强调的是虫蛹不会吃饲料，千万不要给虫蛹"饲喂"菜叶等含水饲料。幼虫生长逐渐到成熟期，留意观察是否有个别的早熟幼虫开始化蛹。这些早熟幼虫大多个体很小，化蛹也很小。以后箱内幼虫每天都会有新的蛹出现，蛹的数量逐渐增多，个体也逐渐增大。每天必须及时将新化的蛹挑出，选择个体大、化蛹时间整齐的集中养育留作虫种。

同一批幼虫，会有一段时间化蛹率特别高。蛹要放在空箱子里，箱底部铺少量麦麸，蛹不要重叠摆放，最好是平放一层，以免互相影响。将当天收取的虫蛹放在一个箱内待其羽化。如此可使羽化和交配产卵整齐化，更有利于下一代的幼虫整齐化。

触碰和震动都可能影响蛹的正常羽化，如挑拣蛹时的触碰力，或被其他幼虫的伤害，虽然表面看不出有破损现象，但是蛹内部已经受到伤害。受到伤害的蛹不能羽化，或者羽化成不正常的成虫，如发生残足、残翅等现象。

三十、蛹在羽化前为什么会变黑?

收取的蛹往往会出现一定的死亡和残疾。一般蛹的残疾和死亡率在10%以内属于正常现象,如果接近或者超过10%就要找出原因并考虑采取补救措施。导致蛹受伤死亡的原因主要有两个:外力致伤,幼虫期得病造成。

外力可使蛹受伤,如幼虫期或者化蛹时被其他幼虫咬伤,也可能是筛除虫粪和挑拣蛹时不得法使其受伤。受伤的蛹大多局部有明显的灰褐色或黑色淤斑,有些也可以羽化,但是羽化出的成虫多有残疾。

幼虫期染病的蛹,有的会逐渐变成黑褐色,之后黑软,内脏腐烂;有的色泽不深,但是逐渐干枯死亡。所以化蛹前的防病措施也十分重要。

三十一、影响蛹羽化的因素有哪些?

除了前面讲的病害和外伤会造成黄粉虫蛹不能羽化或非正常羽化外,蛹的羽化条件和环境也很重要。蛹期所需要的温、湿度与幼虫期的要求基本相同。湿度过大会造成霉变;过于干燥,蛹壳上的脱裂线不容易打开,虫子会僵死在蛹壳内。所以保证空气中的一定湿度有利于蛹的羽化。

当虫蛹羽化的时间不一致时,有的蛹会先于其他蛹羽化,如果没有及时将成虫挑出,其可能取食其他蛹,造成很多残疾虫。简单的预防办法是:在放蛹的箱子里,在蛹的上面放一些小纸条(纸条宽约1厘米,长10～15厘米),这些纸条的功能主要是为羽化的成虫提供活动场所,避免刚羽化的成虫与其他虫蛹的接触,咬食其他虫蛹,也方便分离成虫。

三十二、产卵箱如何收卵?

收取虫卵主要应注意的是预防成虫食卵,用纱网隔离是有效的方法。为了方便卵的移动和搬运,需在集卵的饲料下面铺垫一张纸。产卵箱从上到下层次分布为:成虫—纱网—集卵饲料—卵纸—养虫箱底。养虫箱和纱网的四侧边板的内侧边必须有塑料贴膜或光滑材料,防止虫爬出。

饲料的厚度一般在 0.5 厘米,纱网一定要接触到饲料,但是两者之间不能有压力,应该是轻轻接触。

三十三、成虫产卵期有哪些注意事项?

黄粉虫成虫产卵期怕光、怕震动,尤其怕突然的惊扰。成虫产卵期如果环境条件不适宜或经常使虫子受到惊吓,会严重影响交配及产卵量。成虫产卵环境应该是黑暗避光的。黄粉虫不怕噪声,影响交配和产卵的最大因素是震动。

有的养殖户十分认真,在虫子产卵期经常观察。必要的观察是对的,但是观察时一定要注意动静不要太大,突然进入的光线、风和震动都要尽量避免,否则会严重影响产卵。

三十四、怎样处理黄粉虫幼虫蜕皮?

黄粉虫表皮含有大量的几丁聚糖,它是一种良好的保健品原料,也常应用于医药和农业领域。黄粉虫幼虫一生蜕皮12～25次,蜕皮次数取决于生活环境。在养殖过程中经常可见到养虫箱中出现一层蜕皮,可以用风吹、筛簸的方法分离。如果方便,建议养殖户将蜕皮收存起来,待有生产几丁质的企业收购时售出。

三十五、运输黄粉虫时有哪些注意事项?

春、夏季运输活虫有很多弊端。室外气温在22℃以上时不适宜长途运输黄粉虫活虫。由于运输中黄粉虫受到长时间惊扰,不断地蠕动,相互摩擦生热会快速提高养虫箱内的温度。箱内温度升高到31℃以上,对黄粉虫会有很大的伤害。有的虫子受到高温的损害后数天内还看不出症状,之后会逐渐表现为失去活性、停食,直至死亡。

夏季运输活虫是大忌。低温季节运输活虫也要注意降温。在虫箱内加30%以上的虫粪,可以有效地起到降温作用。

三十六、加工黄粉虫菜品时有哪些注意事项?

目前有很多饭店、餐馆和家庭都在制作黄粉虫菜肴。自制黄粉虫菜肴主要应注意的是卫生问题和虫子表皮的处理问题。所选幼虫要有较强的活性,不能有病虫、死虫和寄生虫等,使用前一定要有足够的时间让其排出体内虫粪。

黄粉虫幼虫的表皮含有丰富的几丁质，十分坚韧，不易煮烂，口感不好，也不易消化。大多的做法是用炒、煎、炸，使黄粉虫表皮焦香口感酥。

三十七、如何恢复黄粉虫野生性状？

在一定条件下模拟黄粉虫在仓库里的自然环境，任其在自然状态下生长繁殖，数代以后，便可得到逐渐恢复原生种质的黄粉虫。方法如下。

取一个 20 升的塑料水桶，内装小麦 3 千克、玉米碴 3 千克，再选择活性好的黄粉虫幼虫 500 条投放桶内。任虫子在塑料桶内自然生长、化蛹、羽化、自然交配产卵。不要干扰虫子活动，不要筛除虫粪，在酷热、严寒、气候干燥时，可以每周饲喂少量菜叶 1 次，但必须在当天挑出没有吃完的菜叶。冬季不要加温让其自然越冬，夏季放置在阴凉的地方。如此任其繁殖生长 3 年以上，则存活的虫子具有很好的活性和抗病能力，作为虫种将具有较好的生长和繁殖性能。

三十八、如何处理积压的黄粉虫？

对于积压的成熟黄粉虫幼虫，应该及时处理。活虫卖不出可以微波烘干保存。有的养殖户在当年市场不好的情况下，将幼虫微波加工烘干，以塑料袋密封包装后，可以保存到第二年市场回暖时出售。期间要预防夏季温度过高使虫变质。

附录　汉虾(黄粉虫)干粉质量标准

汉虾粉系指以鲜活黄粉虫为原料,经过严格的前期、中期和后期的加工技术处理(发明专利证书号ZL89104557.0),清除了虫体内排泄物及腺体分泌物,并经高温消毒、脱水、加工后制成的粉状制品。成品汉虾粉占93%以上,其余为食盐、花椒、生姜等调味品。

1.感官指标

(1)粉状,呈黄褐色,具昆虫蛋白质特有风味,无其他异味。

(2)玻璃瓶包装,封口严密,印刷标志整齐,重量分10克、50克和500克装。

(3)无杂质,无霉变,不含添加剂。

2.主要成分及理化、细菌指标　见表1、表2。

表1　主要成分及理化指标

项　目	指　标
水分(%)	≤10
蛋白质含量(%)	≥40
维生素E(微克/克)	≥350
砷以As计(毫克/千克)	≤0.5
铅以Pb计(毫克/千克)	≤0.5

表 2　细菌指标

项　目	指　标
菌落总数(个/克)	≤30000
大肠菌群(个/100 克)	≤40
致病菌(系指肠道致病菌及致病性球菌)	不得检出

3. 检测方法

(1)色泽、形态、味、包装,采取感官检查,重量以架盘天平称量。

(2)检验标准:菌落总数测定法,按 GB 4789－84 规定方法执行;大肠杆菌测定方法,按 GB 4789—84 规定方法执行;致病菌测定方法,按 GB 4789—84 规定方法执行;铅(Pb)的测定方法,按 GB 5009—85 方法执行;砷(As)的测定方法,按 GB 5009—85 方法执行;硒(Se)的测定方法,按 GB 12399—90 方法执行;维生素 E 的测定方法,按 GB 12388—90 方法执行。

(4)产品原料应是严格经过排杂、排毒的黄粉虫幼虫或成虫。

4. 验收规则

(1)汉虾粉经厂检验部门按本标准检验合格后方可出厂。

(2)检验抽样方法,按 GB 2828 水平Ⅱ抽样。

(3)理化指标及卫生指标有一项不合格,判全批不合格。

(4)供需双方对质量问题发生异议,由法定质量监督检验部门重新抽样做仲裁检验。

5. 产品包装、标志、运输和贮存

(1)产品包装标志应符合GB 7718—87《食品标签通用标准》。大包装上应有“防潮、防压、轻放”等字样或标志,并注明厂名、厂址、电话、产品标准和产品卫生批号。

(2)本产品的小包装按重量包装严密封口,重量误差±4%,大包装用纸箱包装,大包装内放合格证并上封条。

(3)运输时要轻装轻卸,注意防潮,避免重压、暴晒。运输工具要清洁卫生,不允许与影响食品卫生的物品混装。

(4)产品应存放在阴凉干燥、通风清洁、防鼠防蝇的库房内。不得与有异味的物品混放。在上述保管条件下,存放12个月。

本标准主要起草人:陈彤

陕西省技术监督局,企业标准备案号:Q/610000—X83·321—94

注:本技术加工的样品通过了3个阶段的安全性毒理试验。根据陕西省食品卫生监督检验所(92)食监检(食)字第056号批复,进行了中试性小规模试生产。为了保证产品质量,特制定本标准。本标准是1994年制定的。近年来又有许多新的产品加工技术和新的科研成果。在企业接产过程中,还应根据国家对新食品资源的政策和食品卫生标准条例的变更及市场对产品的要求,进一步完善和修改。

2003年由西安市轻工业研究所将“汉虾”HANXIA重新注册了国家商标。

参考文献

[1] 徐任.民以食为天[M].西安:世界图书出版公司,1997.

[2] 文礼章.墨西哥食用昆虫简介[J].北京:昆虫知识,1997,34(5).

[3] 雷朝亮,钟菊珍.关于昆虫资源利用之设想[J].北京:昆虫知识,1995,32(5).

[4] 孟祥玲.中国资源昆虫应用研究进展简介[J].北京:昆虫知识,1992,29(3).

[5] [美]M.D.艾特金斯.昆虫展望[M].路进生,译.北京:科学出版社,1984.

[6] 杨冠煌.中国昆虫资源利用和产业化[M].北京:中国农业出版社,1998.

[7] [日]川村亮.食品分析与实验法[M].北京:轻工业出版社,1986.

[8] 金国.食品营养卫生学[M].北京:中国商业出版社,1987.

[9] 陈炳卿.营养与食品卫生学[M].北京:人民出版社,1985.

[10] 汤逢.油脂化学[M].南昌:江西科学技术出版社,1985.

[11] 王振林,陈彤.汉虾粉营养价值的研究[J].西安:西安医科大学学报,1994.15(4).

[12] 张曙明,樊瑛. 我国药用昆虫研究应用的回顾与展望[J]. 北京:昆虫知识,1992,29(1).

[13] 赵养昌. 中国经济动物志(4). 鞘翅目,拟步甲科[M]. 北京:科学技术出版社,1963.

[14] 西北农学院. 农业昆虫学试验研究方法[M]. 上海:上海科学技术出版社,1981.

[15] 王延年,郑忠庆. 昆虫人工饲料手册[M]. 上海:上海科学技术出版社,1984.

[16] 王振林,陈彤. 不同加工方法制作的黄粉虫粉食用安全性研究[J]. 西安:西北农学报,1998, 7(5).

[17] 食品安全性毒理学评价程度[S],GB 15193.1—94.

[18] 上海第一医学院. 食品毒理[M]. 北京:人民卫生出版社,1978.

[19] 武汉医学院. 营养与食品卫生学[M]. 北京:人民卫生出版社,1981.

[20] 文礼章. 食用昆虫学原理与应用[M]. 长沙:湖南科学技术出版社,1981.

[21] 邹树文. 中国昆虫学史[M]. 北京:科学出版社,1982.

[22] 周尧. 中国昆虫学史[M]. 西安:天则出版社,1980.

[23] 陈耀溪. 仓库害虫[M]. 北京:中国农业出版社,1984.

[24] 赵养昌. 中国仓库害虫[M]. 北京:科学出版

社,1966.

[25] 彭中建,黄秉贤.黄粉虫的研究[J].昆虫知识,1993.30(2).

[26] 谢保令.黄粉虫人工繁殖研究[J].南宁:广西农业科学,1987(6).

[27] 江苏中医学院.中药大辞典(上、下)[M].上海:上海人民出版社,1975.

[28] 全国中草药汇编编写组.全国中草药汇编[M].北京:人民卫生出版社,1983.

[29] 北京地区畜牧与饲料科技情报网.动物营养及饲养(上、中、下)[M].1985.

[30] [英]H. H. 里斯.昆虫生物化学[M].北京:科学出版社,1980.

[31] [美]R. B. 特纳.昆虫分析生物化学[M].北京:科学出版社,1984.

[32] 聂洪勇.维生素及其分析方法[M].上海:上海科技文献出版社,1987.

[33] 中国昆虫学会资源昆虫专业委员会.全国食用、饲用昆虫利用与发展研讨会论文摘要集[C].西安:陕西省粮食学校,1998, 10.

[34] 白吉刚.大棚与温室花卉栽培[M].济南:山东友谊出版社,2004.

[35] 李延云.农作物秸秆饲料加工技术[M].北京:中国轻工业出版社,2006.

[36] 邢廷铣.农作物秸秆饲料加工与应用[M].北

京:金盾出版社,2004.

[37] 中国生物化学与分子生物学学会.中国生物化学与分子生物学会第九届会员代表大会及全国学术会议论文集[C].西安:2005.

[38] 佘锐萍.养殖生产实用消毒技术[M].2004.

[39] 中国昆虫学会.中国昆虫学会2005年学术会论文集[C].福州:2005.